碳达峰碳中和下
我国碳定价问题研究

TANDAFENG TANZHONGHE XIA WOGUO TANDINGJIA WENTI YANJIU

田智宇　赵　盟　安　琪　等著

中国计划出版社　中国市场出版社
China Market Press
·北　京·

图书在版编目（CIP）数据

碳达峰碳中和下我国碳定价问题研究 / 田智宇等著
. -- 北京 : 中国计划出版社 : 中国市场出版社有限公
司, 2024.5
（国宏智库丛书. 2023）
ISBN 978-7-5182-1704-5

Ⅰ. ①碳… Ⅱ. ①田… Ⅲ. ①二氧化碳－排污交易－市场－定价－研究－中国 Ⅳ. ①X511

中国国家版本馆CIP数据核字(2024)第073998号

策划编辑：李　陵（40830954@qq.com）　赵超霖（574129069@qq.com）
责任编辑：赵超霖　　封面设计：锋尚设计　　责任印制：李　晨

中国计划出版社 中国市场出版社　出版发行
网址：www. jhpress. com
地址：北京市西城区木樨地北里甲11号国宏大厦C座4层
邮政编码：100038　电话：（010）63906433（发行部）
北京捷迅佳彩印刷有限公司印刷

787mm × 1092mm　1/16　11.75印张　164千字
2024年5月第1版　2024年5月第1次印刷

定价：58.00元

前　言

2022年1月24日，习近平总书记在十九届中央政治局第三十六次集体学习时指出“要充分发挥市场机制作用，完善碳定价机制”。碳定价是实现碳达峰碳中和目标的重要政策工具之一。我国提出2030年前碳达峰和2060年前碳中和的发展目标，是贯彻新发展理念、构建新发展格局、推动高质量发展的内在要求，也是创新中国式现代化发展道路、推动构建人类命运共同体的责任担当。碳定价是统筹发挥有效市场和有为政府作用的重要手段，对引导全社会生产和消费体系低碳转型、参与和引领全球气候贸易治理等具有重要意义。

从国际看，围绕碳定价问题的国际竞争与合作态势日趋复杂，对全球能源转型、产业格局、贸易发展等带来深刻影响。主要发达国家都把碳定价作为实现碳中和目标的重要制度，碳定价覆盖范围不断扩大，并且由发达国家向发展中国家、由国内政策向贸易政策、由单纯应对气候变化问题向全方位国际竞争博弈等不断延伸。欧盟碳边境调节机制等碳关税主张加速推出，一些国际机构把碳定价作为衡量应对气候变化政策力度的主要指标，提出设置国际碳定价下限、建立“气候俱乐部”等倡议。许多跨国公司也实施了内部碳定价，作为衡量应对气候变化决策成本与效益的重要考量，并推动供应链加快实现碳中和。

从国内看，我国与发达国家发展阶段、排放特点、减排责任等不同，面临统筹考虑碳定价与节能降碳、高质量发展、能源安全和产业链供应链安全等复杂挑战，需要探索创新中国特色碳定价机制。目前，我国已经启动全国和区域碳市场，尚未开征碳税，在财税政策、行政手段等方面也形成了许多行之有效的经验做法，新形势下协同发挥不同碳定价工具作用、加强碳定价与其他机制衔接等任务艰巨。同时，碳定价涉及地区、行业、企业和消费者方方面面，牵一发而动全身，需要从系统观念出发综合评估其作用影响并完善配套措施。此外，作为全球第一排放大国、制造大国和货物出口大国，碳定价既关系国内发展和减排大局，也事关国际形象和国家竞争力，在参与和引领全球气候贸易竞争和合作中也面临复杂严峻的形势。

本书是在2022年度国家高端智库课题“碳达峰碳中和下我国碳定价问题研究”成果基础上形成的。该课题在厘清碳定价概念内涵和总结国外碳定价进展趋势的基础上，立足中国式现代化发展和碳达峰碳中和形势要求，从统筹高质量发展、低成本减排和安全降碳角度出发，研究提出构建中国特色碳定价机制的基本原则、思路方向、重点任务和措施建议。

围绕如何构建中国特色碳定价机制这一核心问题，本书具体研究以下问题：第一，针对不同行业领域如何有效发挥各类碳定价工具作用？第二，在碳定价机制构建过程中如何与能源、环境相关机制改革创新相协同？第三，在双循环格局下如何统筹国内碳定价与参与全球气候贸易治理？第四，如何综合评估碳定价的冲击影响并制定针对性的政策措施？

本书共分为八章，第一、二章介绍了碳定价的理论基础和国内外进展，第三章提出了构建中国特色碳定价机制的总体构想和实施路线图，第四至七章围绕构建中国特色碳定价机制的上述四个关键问题进行深入分析并提出改革方向和重点任务，第八章总结提出了政策建议。

全书由田智宇、赵盟统稿，各章节负责人分别为：第一章，刘建国、王恬子；第二章，付毕安、赵盟；第三章，田智宇；第四章，赵盟；第五章，王娟；第六章，安琪；第七章，廖虹云；第八章，田智宇。国家发展改革委能源研究所原所长王仲颖、所长吕文斌、副所长李忠和国家发展改革委宏观经济研究院吴晓华、臧跃茹、杨宜勇、刘立峰等领导专家在课题研究中予以具体指导。此外，刘赫川、闫君、李琛等人对本书的形成也有一定贡献，在此一并感谢。由于编者的专业和认识水平有限，本书难免存在疏漏之处，恳请读者批评指正。

田智宇　赵　盟　安　琪

2024年4月

目　　录

第一章
碳定价理论基础和国际进展

第一节　碳定价基本理论

一、碳定价理论基础

碳定价即给碳排放制定一个价格，指将温室气体排放所产生的由全社会共同承担的外部成本与排放源通过价格链接起来的机制。碳定价通常是对排放二氧化碳设置一个价格，通过发挥价格的信号作用，使排放主体减少排放二氧化碳，或为排放二氧化碳买单，进一步引导生产、消费和投资等向低碳方向转型，促进应对气候变化与经济社会协调发展。

从理论基础来看，碳排放问题的根源在于“公地悲剧”和外部性问题。由于环境要素存在产权不明确问题，容易引发负外部性；由于温室气体排放的外部成本没有完全内部化，市场无法反映真实环境成本；由于涉及全球所有主权国家，市场机制难以达到“帕累托最优”，在气候危机日趋严重的今天，碳排放是人类面临的最大的市场失灵问题之一。

要解决碳排放的负外部性，关键是引入碳定价。一般而言，将外部成本内部化的方式主要有两种：一是以“庇古税”为代表，主要是引入政策干预，通过税收、补贴等政策手段使得个人边际成本等于社会边际成本；二是以“科斯定理”为代表，通过明确资源的产权，利用市场力量解决外部性问题。

二、碳排放的定价方法

如何为碳排放定价？这是学界、政界、业界长期普遍关注与争论的问题。2018年诺贝尔经济学奖得主W.D. Nordhaus（诺德豪斯）提出应采用碳排放的社会成本为其定价，碳排放的社会成本（Social Cost of Carbon，SCC）是指特定年份的边际碳排放（即额外的一吨二氧化碳排放或其当量）所造成的社会损失（含气候变化对经济社会产生的灾害性影响和应对措施对应的成本，以及适应气候变化产生的成本）进行货币化描述。SCC的计算方法是首先测算某一年份（可以是过去或未来）的碳排放（含其他温室气体），分析其引起的气候变化程度并识别其对经济社会的系统性影响，在将其货币化后，采用一定的贴现率将其折算为每吨碳排放产生的成本，因此SCC也通常被称为“理论碳价”。

然而，由于不同机构测算的碳排放趋势不同、对经济社会的影响程度不同，以及采用了不同的贴现率，导致不同机构测算的理论碳价差异巨大，同一机构在不同时期测算的理论碳价也存在差别。例如，W.D. Nordhaus测算的理论碳价大约是37美元/吨二氧化碳当量①（2020年），而与其齐名的气候变化经济学家Nicolas Stern（斯特恩）测算的理论碳价则为260美元/吨，差异十分明显。不同政府的测算结果也存在一定差异，例如奥巴马政府曾于2010年对碳成本进行过测算，当时的结果折现到2020年大约是26美元/吨，2016年更新计算后的碳成本为42美元/吨。2017年刚上任不久的特朗普再次更新了碳成本的计算，结果显示美国碳成本仅有不到7美元/吨（见图1-1）。以上数据表明，无论是反对还是支持减排的决策者，都是通过碳成本的测算来支持自

① 碳定价的单位为元/吨二氧化碳当量，全书此后简写为“元/吨”。

己的观点，反映了在主流认知框架下，碳成本对于碳价制定的重要意义。由于碳定价机制又被看作是最重要的碳中和政策工具，因而碳成本的测算在一定程度上也可以被看作整个碳中和政策制定的重要基础性工作。

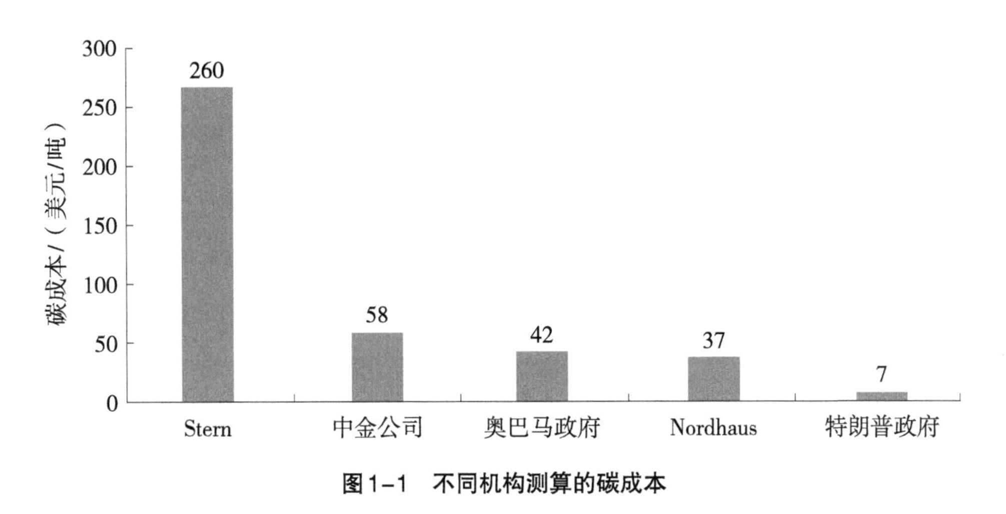

图1-1　不同机构测算的碳成本

资料来源：中金公司研究部，中金研究院.碳中和经济学：新约束下的宏观与行业趋势［M］.北京：中信出版社，2021.

除了采用社会成本为碳排放定价外，碳排放定价还有其他方法。例如，业界普遍采用减排成本定价，即减排一吨二氧化碳对应的成本；或采用边际减排成本定价，即每增加一吨二氧化碳减排量对应的成本。无论是采用减排成本定价还是边际减排成本定价，由于不同地区、不同行业的差异巨大，也使得其减排成本、边际减排成本差异巨大，进一步引发了不同地区、不同行业应有不同碳价的争论。

中金公司提出了基于绿色溢价测算碳减排成本的思路，绿色溢价是指与实现零排放相比行业成本的增加幅度，采用绿色溢价不需要将未来的碳排放成本“倒推”，反而是将现在的有排放技术相对于零排放技术增加的排放成本进行明确，因而具备简便快捷的特点，同时绿色溢价可以衡量各个行业碳中和技术的成熟程度，表征性较强。但是，与碳排放社会成本的概念相比，绿色溢价仅仅考虑了有排放技术与零排放技术成本之间的差距，并未考虑气候变化对经济社会的影响以及适应气候变化的成本，因此是“不完全成本”。

以上方法均可被认为是碳排放价格的测算方法。碳市场的实时价格是动态变化的，受制度设计、短时供需、市场监管、气象条件等多种因素影响，欧盟经验表明，电力等市场价格变化也可迅速反映到碳市场价格中，Jos Sijm等人研究表明，电价到碳价的传导率可以达到75%～95%，即电价变化1%可以使碳价变动0.75%～0.95%，并且这种传导速率非常快，一般仅需要1天左右。此外，政治、经济等领域的意外事件也将对碳价产生显著影响，例如2022年俄乌冲突之初，欧盟碳市场价格在1周内由87欧元下滑到64欧元，降幅达26%。随着冲突形势的反复，欧盟碳市场价格多次出现大幅震荡，欧盟多次启动紧急预案。2022年欧盟碳市场价格变化情况见图1-2。

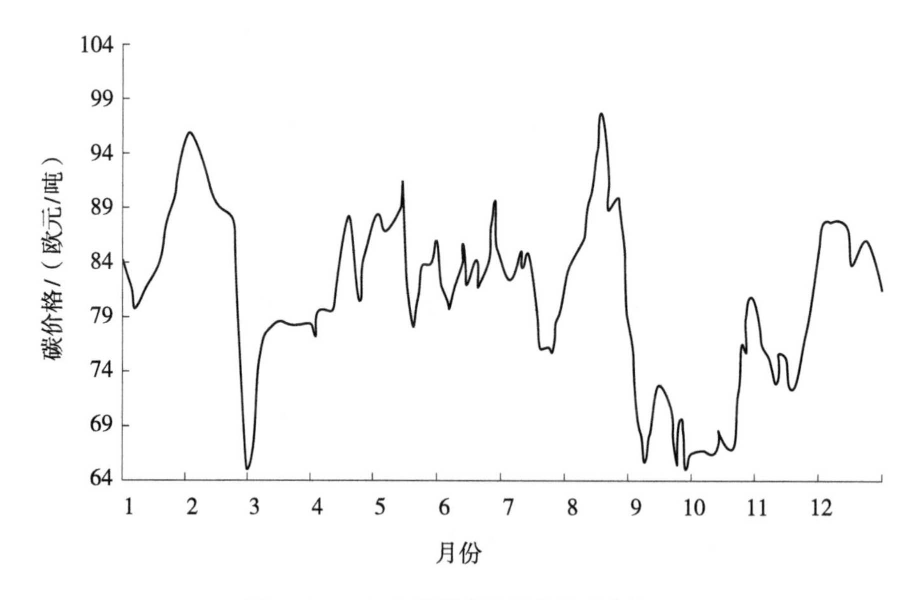

图1-2　2022年欧盟碳市场价格变化情况

资料来源：WIND数据库。

不同碳定价方法的对比见表1-1。

表1-1　不同碳定价方法的对比

<table>
<tr><th>定价方法</th><th>内容</th><th>优劣势</th></tr>
<tr><td>社会成本法</td><td>基于碳排放对未来经济社会造成的损失来“倒推”计算</td><td>经典方法，但未来经济社会损失测算难度大，考虑不同贴现率后，计算结果差距过大，仅具有理论意义</td></tr>
<tr><td>减排成本法</td><td>基于技术的减排成本测算碳价</td><td rowspan="2">技术减排成本测算难度较低，但是由于区域、行业差异较大，使得其减排成本、边际减排成本差异巨大，进一步引发了不同地区、不同行业应有不同碳价的争论</td></tr>
<tr><td>边际减排成本法</td><td>基于技术的边际减排成本测算碳价</td></tr>
<tr><td>绿色溢价法</td><td>基于有排放技术相对于零排放技术增加的排放成本测算</td><td>计算比较方便，但是仅考虑了有排放技术与零排放技术成本之间的差距，并未考虑气候变化对经济社会的影响以及适应气候变化的成本</td></tr>
<tr><td>实时价格</td><td>基于实时的供需情况确定价格</td><td>价格是各种因素的综合反应结果，并且受政治、经济、天气等意外事件影响大</td></tr>
</table>

三、碳定价与商品定价的区别联系

与普通商品相比，二氧化碳及其排放具有三方面的特性。

第一，公共性。作为公共品，碳排放对环境具有负外部性。为使个体利益与人类社会的整体利益相协调，需要政府部门通过制度安排将外部成本内部化。主要途径包括征收碳税和开展碳交易两种。

第二，全球流动性。可以认为二氧化碳在全球范围内均一分布，地球任何地方的二氧化碳都是同等的。同时二氧化碳还可以在大气中稳定存在数百年（在没有人类干预的情况下）。由于二氧化碳的这一特点，碳排放权这种特殊商品便成为真正意义上的全球公共品，理论上可以在全球范围内自由流动。

第三，不可见性。碳排放是看不见摸不到的，不能被人类所感知，只能通过数据记录实现对其计量。但是碳排放的计量同样困难重重，这也是与普通商品存在的显著差别。

正是因为碳排放的上述特征，中金公司在其研究报告中将碳排放称为“跨越时空的负外部性”。总之，二氧化碳作为一种特殊的商品，与普通商品、普通生产要素（土地等）、普通污染物均存在一定差别，并且具备一定的金融属性。和普通商品定价相比，碳定价有着突出的特征：

一是定价方法存在差异。成本定价均为普通商品和碳排放的重要定价方式，但含义差别较大。商品的成本定价主要指通过生产成本等成本直接定价，而碳定价的成本定价主要是对碳排放造成的外部性影响而间接定价。

二是定价主体存在差异。普通商品的定价主体是生产者，消费者有时也会对其产生重要影响。而二氧化碳覆盖经济社会方方面面，从时间跨度上可以影响数代民众，从空间范围上可以覆盖全世界，因此政府、企业、公众均可能成为其定价主体。例如，政府可以通过碳税的方式定价，企业既可以通过市场交易定价也可以进行内部碳定价等。正因为如此，全球各国、各行业围绕碳定价的博弈日趋复杂。

四、碳定价工具的分类

碳定价机制具有不同形式，可以有不同分类方式，并且不同方式之间可能有交叉。按照外部成本内部化的不同方式，可以分为碳税、碳市场、碳信用；按照是否实际支出碳排放成本，可以分为企业外部碳定价和企业内部碳定价；按照政策的综合效果，可以分为显性碳定价和隐性碳定价。此外，一些发达国家（地区）、国际组织还提出碳边境调节机制、碳价下限（即碳地板价）、碳定价包容性框架等跨国碳定价机制（见表1-2）。

表1-2　碳定价的分类和定义

分类方法	工具名称	定义或来源
外部成本内部化的方式	碳税	通过对温室气体排放或含碳化石燃料设定明确税率来直接对碳排放进行定价，排放主体依据核定排放量交税
	碳市场	指排放主体进行排放配额交易以调剂余缺、降低总排放成本的机制。排放主体可以依据成本自主选择在内部实施减排措施，或在碳市场上购买排放指标以实现减排目标
	碳信用	指企业、团体、公民自发采取减排行动，通过相应的方法学和流程将其转化为碳减排量的过程。碳信用可用于碳市场纳管企业完成其控排目标，也可助力企业、团体、个人实现自愿减排
是否实际支出碳排放成本	企业外部碳定价	指由政策、市场等外部因素对碳排放定价的做法。外部碳定价包括除内部碳定价的其他全部碳定价方式
	企业内部碳定价	指将碳定价机制引入企业内部，将碳排放的社会成本内部化的一种做法，是企业自主积极实施的一种主动管理行为。属于一种新型的财务类减排措施
政策效果	显性碳定价	指直接用于降低排放量的碳定价机制。显性碳定价主要指碳税、碳市场
	隐性碳定价	指除碳市场、碳税等显性碳定价政策以外的，由气候变化减缓政策而产生的单位减排成本。一般包括具有协同碳减排效果的其他相关机制，如对化石能源征税，对清洁能源和节能提效进行补贴或税收减免等
碳定价主体	碳边境调节机制	指国家或地区对高碳产品进口征收的碳排放特别“关税”，是当代贸易保护主义的重要体现
	碳地板价	国际货币基金组织（IMF）提出各主要排放国应设定“国际碳地板价”，全球应通过设定碳价下限等方式，实现2030年碳排放目标的大幅下降
	碳定价包容性框架	经济合作与发展组织（OECD）提议建立“OECD/G20显性和隐性碳定价包容性框架”，旨在评估各方利用显性碳定价和隐性碳定价机制落实减排情况，加强各国减缓气候变化政策协调，管控政策溢出效应

第二节 国际碳定价演变历程

一、碳市场发展历程

为应对气候变化问题，1992年在联合国环境发展大会上154个国家签署了《联合国气候变化框架公约》。为进一步明确履约目标，1997年12月《联合国气候变化框架公约》第三次缔约方大会（COP3）又通过了《京都议定书》，明确了37个工业化发达国家和经济体所承担的减排责任，并提出了三个服务于减排的国际间碳交易机制，即国际排放贸易机制（IET）、联合履约机制（JI）和清洁发展机制（CDM），允许控排主体在不同国家碳交易体系内交换碳排放份额。碳排放权交易体系就是在《京都议定书》框架下，以“国际排放交易机制”为核心原则，以温室气体排放为标的物所进行的市场交易体系，该体系由政府决定排放水平，市场决定碳价。

2005年，世界首个碳排放权交易体系——欧盟碳排放交易体系（EU ETS）正式启动，这是迄今为止覆盖国家最多、横跨行业最多的温室气体排放交易体系，成为国际碳市场的重要驱动力量。2007年起，美国相继形成西部气候倡议（WCI）和区域温室气体减排行动（RGGI），其后完成了加州-魁北克碳市场的连接。国际典型的碳市场还包括韩国碳市场、新西兰碳市场等。2017年，我国宣布启动全国碳市场建设；2021年2月1日起，《碳排放权交易管理办法（试行）》开始施行，标志着全国碳排放权交易市场（以下简称碳市场）的正式运行；2024年5月1日起，《碳排放权交易管理暂行条例》开始施行，全国碳市场运行管理有了明确的法律依据。

根据世界银行《2024年碳定价现状与趋势》报告，截至2023年底，全球已有36个国家（地区）建立了碳排放交易体系。2023年，全球碳市场收入约750亿美元，比2022年提高14%。其中，欧盟碳排放交易体系是最大贡献者。

二、碳税发展历程

碳税在各国的发展基本分为三个阶段。20世纪90年代，芬兰、挪威等北欧国家开始征收碳税，到20世纪末，这些国家已基本构建了较为完备的碳税体系，现阶段正根据气候情况和本国经济情况从税率及征税对象等方面进行小幅调整。以美国、德国为代表的高收入国家在经济合作与发展组织（OECD）和欧盟的带动下于20世纪末开始“绿化”税制，碳税税制体系较为完善但并不稳定，现阶段正根据已出现的问题提出进一步改革方案。进入21世纪以后，随着气候变化形势日益严峻，日本、英国、法国等国家也陆续开征碳税，以减少温室气体排放，这些国家碳税实施起步相对较晚，目前正在积极探索碳税征收之路。根据世界银行《2024年碳定价现状与趋势》报告，截至2023年底，全球已实施的碳税制度有39项，涉及亚洲、非洲、北美洲、南美洲和欧洲等地区29个国家，其中发达国家数量达到18个。

整体来看，各国碳税政策在税制设计、税基、税率、税收用途、实施效果等方面存在较多共性特点，但因经济结构、减排目标等方面的不同，在政策细节方面存在一定差异。具体而言，从税制设计看，按全国推广或地区性试点、是否单列碳税税种可分为三类。一是在全国实行，且作为单独税种。如芬兰、瑞典、荷兰等为减少温室气体排放，专门设立碳排放税。二是在全国实行，不作为单独税种，而是将碳税隐含在现有税种中。如日本、意大利等在能源消费税、环境税等现有税种中加入碳排放因素。三是只在国内特定区域实施，且多处于试点阶段。如加拿大不列颠哥伦比亚省、美国加利福尼亚州等。从税基选择看，国际通常按化石燃料消耗量折算的二氧化碳排放量为计税依据。一种方法是以二氧化碳的实际排放量为计税依据，只有智利、波兰等少数国家采用。这种方法可直接反映排放量，但技术要求和实施成本高，需要企业购买二氧化碳监测设备，捕捉、测算和报告二氧化碳排放量。另一种方法以化石燃料消耗量折算的二氧化碳排放量为计税依据，在技术上更加简单可行，行政管理成本相对较低。从征税环节来看，主要在能源最终使用环节征税，也有在生产环节征税。多数国家主要在能源最终使用环节征税，即谁使用、谁排放、谁缴税，纳税主体通常是下游经销商或消费者（包括企业和居民）。这种情况下，既可以按企业的实际二氧化碳排放量直接计税，也可以根据燃料消耗量、用电量等间接计税。此外，还可以在生产环节征税，如加拿大碳税的纳税主体主要是化石燃料的生产商、进口商和加工商，最终税负会反映在燃料价格上，由能源使用者承担。从税率水平看，总体较低，但各国差异较大。欧洲国家税率较高，如瑞典和瑞士碳税超过130美元/吨，冰岛、芬兰、挪威、法国等国碳税为每吨40～100美元。近一半国家和地区低于10美元/吨，阿根廷、哥伦比亚、智利、墨西哥、南非等国家普遍低于10美元/吨，新加坡和日本作为亚洲目前征收碳税的两个国家，税率水平较低，分别是4美元/吨和2美元/吨，分别覆盖本国碳排放的80%和75%。碳税税率差异较大的主要原因是，不同国家发展水平和阶段差距明显，减排目标不同，且部分国家除碳税以外，还有能源税或其他减排政策。从税收用途看，主要分为纳入节能减排专项投入和纳入公共财政预算两类。节能减排投资主要用于新能源技术和碳减排技术的创新研发。如丹麦将来自工业部门的碳税收入全部作为改善工业能效的投资资金；日本将部分碳税收入投资于新能源技术研发。纳入公共财政预算的部分由政府进行统筹使用，这一过程也会抵扣其他税负（主要包括个人所得税、社会保障税等），以保持宏观税负的平衡。如丹麦、加拿大通过转移支付来补偿受碳税影响较大的居民或企业。

三、隐性碳定价发展历程

为了应对气候变化挑战，国际社会一致通过了《联合国气候变化框架公约》《巴黎协定》等公约文件，确定了国家间“共同但有区别”的减排责任。具体来说，要求发达国家率先减排，兑现发达国家由于历史排放产生的相应责任义务。这种差异化减排责任划分，为“碳泄漏”问题埋下了伏笔。“碳泄漏”是一种竞争力损失，指一些国家的碳排放减少被其他国家的碳排放增加所抵消；实施严格碳排放政策的国家因成本提高，其生产活动会转移到碳排放政策宽松的国家，导致前者的碳减排成效在一定程度上被后者所抵消。国际学术界在1997年首次发表“碳泄漏”相关文章，这与《京都议定书》在同年签订密不可分。自从国际社会开展气候变化合作以来，“碳泄漏”问题就一直是学术界关注的热点。“碳泄漏”研究自2009年开始逐渐兴起，目前已经成为稳定的研究前沿领域。

世界银行、欧盟等组织都试图在广义隐性碳定价上有所突破。世界银行2021年5月发布的《碳定价机制发展现状与未来趋势报告2021》中提出，政府和私营部门都可以参与碳定价，碳定价工具应当包括广泛的激励政策。除了能源效率政策之外，广义隐性碳定价还可能包括新能源车和其他用能设备的投资与补贴、建筑能效标准的提升等正向政策，以及在各种工程项目中的投资与补贴政策造成的负向减排政策（例如公路建设项目中对水泥消费的补贴）。这些政策完整包括了各国应对气候变化的努力，但显得过于庞杂而难以计量，同时又与气候财政支出产生部分重叠。OECD曾经借用“里约标记法”（Rio Markers）进行绿色支出核算。里约标记法开发于1998年，原本用来计量发达国家履行《里约公约》义务，为保持生物多样性和应对气候变化所支付的财政资金，2010年起加入对气候变化适应性资金的审计方法。自此，里约标记法成为OECD评估应对气候变化财政支出的重要工具。里约标记法将应对气候变化政策分为三档，0级表示该政策与气候变化减缓和适应无关；1级表示气候变化减缓和适应的重要（significant）政策，但不是根本（fundamental）驱动因素；2级表示气候变化减缓和适应的首要（principle）政策，该政策的设计目的就是应对气候变化。例如，欧盟曾设定权重0级政策标记贡献0，1级贡献40%，2级贡献100%，三者加权合计就是应对气候变化支出。若按照里约标记法计算，每单位碳排放导致的加权支出就是广义隐性碳定价。

显性碳定价的“碳泄漏”问题难以解决，高碳价国家不愿意被低碳价国家搭便车。碳边境调节机制（Carbon Border Adjustment Mechanism，简称CBAM）是欧盟“Fit for 55”减排计划（承诺2030年底温室气体排放量较1990年减少55%）的一部分，主要目的是在实现减排目标的同时，防止贸易竞争力下降。换言之，防止欧盟实施减排政策时出现贸易劣势。因此，CBAM始终关注两大焦点：碳减排和保持贸易竞争力。2021年7月14日，欧盟委员会发布了第一版的碳边境税提案，在60个“碳泄漏”高风险行业中选定钢铁、铝、电力、化肥和水泥作为CBAM覆盖行业。此举一出，立刻招致欧盟外国家的普遍反对，其中一条反对理由便是CBAM只考虑了各国显性碳定价的减排努力，对由其他政策和措施带来的减排效果没有充分计量。

2021年8月4日，OECD秘书长马蒂亚斯·科尔曼致信各国倡议设立“显性和隐性碳定价的包容性框架”。新倡议以碳定价为工具评估各国减排政策的效力和效率，为“碳泄漏”问题提供定量分析框架。欧盟在隐性碳定价问题上态度偏向强硬。2021年12月9日，欧洲议会提出了更激进的CBAM第二版草案，包括不承认隐性碳定价、增加化工行业、增加间接排放管理、缩短过渡期等新措施。

四、跨国碳定价发展历程

1.主要经济体酝酿“碳关税”

欧盟率先提出建立CBAM。早在2006年，法国即在联合国气候变化大会上提出了碳关税议案，但欧盟委员会认为该议案与WTO规则存在冲突，反对了该议案。此后，法国政府多次提出碳关税议案。为了与WTO相适应，碳关税逐渐调整为CBAM。2019年以来，欧盟在立法、外交等多个途径加速力推CBAM立法进程。历经数轮草案修改，各方就征收范围、方式、时间等进行激烈博弈（见图1-3）。2022年12月13日，欧盟理事会与欧洲议会就CBAM达成临时协议。2023年4月，欧洲议会、欧盟理事会相继批准CBAM草案。2023年5月，欧盟理事会正式发布CBAM法案。根据该方案，欧盟CBAM于2023年10月1日启动，首先是为期三年的过渡期，此后于2026年正式生效，2034年全面实施。碳边境调节机制与应对气候变化、国际贸易、地缘政治和后疫情时期绿色复苏密切相关，议题复杂性高、争议大，将对全球碳中和目标下国际贸易和产业结构调整产生深远影响。

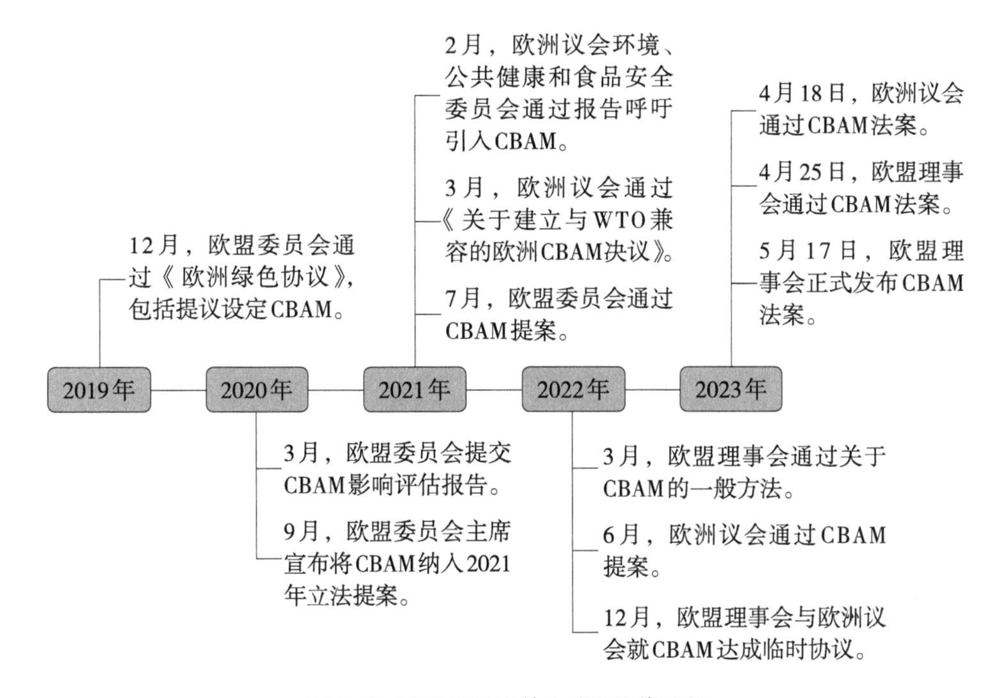

图1-3　欧盟CBAM的立法及实施进程

资料来源：根据欧盟文件整理。

七国集团（G7）拟引领创建碳关税联盟。2021年，七国集团轮值主席、英国首相约翰逊提议，G7应率先打造一个强大的碳关税联盟，以气候政策保护制造业发展。日本政府持谨慎意见，宣布将与WTO正式讨论，探索美欧日三方协调行动可行性，日本钢铁行业则明确提出反对意见。2021年8月，日本环境省就碳关税启动征集立法建议。此外，日本政府拟向国际社会提议降低低碳产品进口关税，考虑适用于风力、燃料氨、电池及太阳能等领域几百种产品。2022年4月，英国议会议员提出，英国应启征碳关税，并建立与英国国内排放交易体系平等的定价机制。法国、加拿大等国也在推动本国CBAM。

七国集团倡议组建气候俱乐部。2022年6月，G7在德国峰会上发布了《G7气候俱乐部》声明，支持在2022年底之前成立一个全球气候俱乐部。该俱乐部将向所有《巴黎协定》签署国开放，以减少温室气体排放为目标，并助力传统工业向气候友好型工业转型。该声明提出，G7将通过显性碳定价等方式，合作提升减排政策力度。

拜登政府多次表态支持碳关税。目前，美国尚未建立全国性的碳市场机制，但拜登政府积极推动气候驱动的贸易政策，强调与欧盟等盟友在气候议题上一致行动，且针对中国。2020年，拜登总统在竞选纲领中明确提出寻求“对未能履行气候和环境义务国家的碳密集型产品征收碳调节费用或配额”。2021年3月，美国贸易代表办公室提出考虑出台碳关税，承诺拜登政府将与盟友在碳排放交易、碳定价和税收方面密切合作。2021年6月，拜登政府表态正考虑将《巴黎协定》要求与新的《北美自由贸易协定》挂钩，并可能对未履行《巴黎协定》承诺目标的国家征收碳关税。2021年7月，美国民主党议员提出《美国碳边境调节机制立法草案》，提出从2024年开始对应对气候变化不力的国家加征惩罚性碳关税，涵盖石油、天然气、煤炭以及铝、钢、铁和水泥等高碳产品。据估计[①]，如该方案得以实施，则关税将适用于约12%

① Carbon Border Tax Is Proposed by Democrats，纽约时报，2021年7月19日。

的美国进口产品（约2.3万亿美元），关税额可能高达每年50亿～160亿美元。考虑到对通货膨胀的影响，拜登政府尚未接受此提案。

2.国际组织全球性碳定价新主张不断涌现

一是主流多边机制倡议全球性碳定价。2021年，IMF提出各主要排放国应设定“国际碳地板价（ICPF）”，即全球应通过碳税下限等方式，设定一个锚定最低碳价。仅需要六个参与方（加拿大、中国、欧盟、印度、英国、美国）在现有政策基础上，以三层价格下限（分为发达经济体、高收入新兴市场经济体和低收入新兴市场经济体三个层级，分别对应75美元、50美元和25美元的碳价）巩固其《巴黎协定》承诺，就能帮助实现到2030年将全球排放量较基线水平减少23%的目标。这能使碳排放量减至全球升温2℃以内的所需水平。OECD提出了碳定价包容性框架。国际能源署（IEA）、世界银行等主流国际机构提出了碳定价对全球能源净零排放路径的重要性。

二是联合国可持续发展目标（UN-SDG）、二十国集团（G20）等承诺取消化石能源补贴。自2009年开始，G20、亚太经合组织（APEC）、G7等均承诺取消有关化石能源消费补贴。联合国可持续发展2030议程包括的17个可持续发展目标（SDGs）中，也提出了化石燃料补贴改革目标。化石能源补贴可以被看作是一种“负碳价”或碳补贴，取消化石能源补贴的多边承诺将提升碳成本，与正向碳定价机制达成相似效果。

3.跨国企业碳定价提速供应链传导

主要跨国企业提速设定碳中和目标和内部碳定价措施。主要跨国企业，尤其是领军科技企业，如亚马孙、谷歌、微软、苹果等均提出了碳中和目标，含供应链碳中和目标。微软等部分企业提出2030年开始启动消除历史碳足迹。根据世界银行2022年的数据，世界500强公司中，有近一半已实施或打算在未来两年内实施内部碳定价。企业内部碳价格虽然低于《巴黎协定》的价格（即2020年须达到40美元/吨），但往往高于监管价格。欧美企业的环境、社会、治理（ESG）评价中也逐步提升对碳排放的评估。这些企业内部碳定价机制将通过绿色金融、供应链标准等形式逐步传导至我国基础产业。

第三节　典型经济体碳定价机制的进展成效

一、美国

自21世纪末以来，美国提出了一系列联邦层面的CBAM、限额交易或碳税制度提案，在立法层面曾有多次尝试，但始终未能成功推出全国性的政策。伴随着欧盟CBAM的出台，碳定价及CBAM相关立法进程在美国第116、117届国会期间表现活跃。美国第117届国会提出的碳定价及CBAM相关议案汇总见表1-3。

表1-3　美国第117届国会提出的碳定价及CBAM相关议案汇总

议案名称	碳定价	收费对象	CBAM
拯救我们的未来法案	54美元/吨（2023年），每年通货膨胀上涨6%	所有温室气体	对能源密集型制成品和化石燃料的出口进行退税，对能源密集型产品征收“等价费”，如果进口国征收“碳基费用”，缴纳的费用会降低
市场选择法案	35美元/吨（2023年），每年通货膨胀上涨5%	化石燃料燃烧、工业生产过程以及某些产品使用中的温室气体	面向温室气体强度超过5%和贸易强度超过15%的所有制造业部门
美国胜利法案	59美元/吨（2022年），每年通货膨胀上涨6%	与能源有关的二氧化碳排放	对化石燃料出口提供退税（返还），对碳密集型产品征收碳等价费，对“碳密集型商品”出口商提供退税（返还）

续表

议案名称	碳定价	收费对象	CBAM
能源创新和碳红利法案	15美元/吨（2021年），每年通货膨胀上涨10美元	所有温室气体（农场，军队除外）	面向涵盖燃料和排放的密集型和贸易型产品（钢铁、轧钢产品、铝、水泥、玻璃、纸浆、纸、化学品、工业陶瓷）
美国清洁未来基金法案	25美元/吨（2023年），每年通货膨胀上涨10美元	涵盖燃料（煤、石油、天然气）的所有温室气体排放；工业过程中的二氧化碳与甲烷排放，包括燃料生产运输中的无组织排放	面向碳密集型行业（钢铁、轧钢产品、铝、水泥、玻璃、纸浆、纸、化学品、工业陶瓷及其他能源密集型贸易产品）和覆盖的燃料

资料来源：碳中和专委会.美国碳关税解读：《清洁竞争法案》[EB/OL].(2022-08-05)[2024-03-21].http://finance.sina.com.cn/esg/ep/2022-08-05/doc-imizmscv4927092.shtml.

1.碳价测算

奥巴马政府和特朗普政府均对碳成本进行过测算。2010年、2016年，奥巴马政府曾先后两次对碳成本进行测算，按2020年不变价折算分别为26美元/吨、42美元/吨。2017年，特朗普政府测算的碳成本低于7美元/吨。从测算结果可以明显看出，两届政府对应对气候变化的态度直接折射在碳成本测算的结果上。而奥巴马政府和特朗普政府的分歧不只在于贴现率，也包括覆盖的范围，前者着眼全球，后者只测算了美国的社会成本。拜登上任伊始便宣布，将会借鉴Nordhaus等人的模型来测算理论碳价。

拜登政府上台以来，实际上从未承诺引入联邦碳定价计划。在美国，所有生产商都受到联邦非价格气候政策（环境法规）的约束，部分生产商也受到地方层面明确碳价格的约束（如加利福尼亚的工业企业），这种复杂的成本组合导致有效的平均碳价格既低又难以计算。

2.碳交易

美国已形成两个地方性碳市场，分别是加利福尼亚州总量控制和交易体系（简称加州体系）与覆盖东北部12个州的区域温室气体减排行动（RGGI）。加州体系涵盖工业、电力、交通和建筑等行业，约占加州温室气体排放的85%，涉及电力行业的部分内设有一定程度的碳边境调节机制，主要体现在对进口电力供应商的温室气体排放监管。RGGI形成了强制性市场机制，为区域内25MW及以上的化石燃料电厂设置排放上限，覆盖康涅狄格州、特拉华州、缅因州、马里兰州、马萨诸塞州、新罕布什尔州、新泽西州、纽约州、罗得岛州、佛蒙特州、弗吉尼亚州和宾夕法尼亚州。

3.CBAM

2022年6月7日，美国参议员Sheldon Whitehouse联合其他三位参议员Chris Coons、Brian Schatz和Martin Heinrich在国会上提出了一项基于窄幅边界调整的碳税立法，也就是美国版的CBAM，该法案名为《清洁竞争法案》（*Clean Competition Act*，CCA）。《清洁竞争法案》是CBAM的一种形式，旨在减少气候污染，同时通过新的激励措施加强美国清洁制造业的竞争力。与欧盟CBAM类似，CCA对进口商品征收二氧化碳排放费用，并将收入提供给发展中国家。

《清洁竞争法案》绕过美国没有统一碳定价的情况，以相对碳排放强度为碳税征收标准线，对超过美国国内平均水平的碳排放征收每吨55美元的费用，征收的对象不仅包括进口商，还包括美国国内生产商。CCA的默认标准与进口国家整体经济的碳强度相关，而不是产品碳强度，CCA只允许具有透明可核实数据的国家提供生产数据，这种有透明可核实数据的国家的判断标准在法案中未涉及。

二、欧盟

1.碳市场

碳排放交易体系是欧盟控制碳排放的主要政策工具，于2005年正式实施。目前涵盖欧盟45%的碳排放量，主要应用于电力、燃气、炼油、钢铁、原料制造和商业航空等能源密集型行业。欧盟碳排放交易体系引入配额和拍卖机制来实现区域减排总量的设定，并遵循总量管制与交易（Cap and Trade）的运行原则。

第一阶段（2005—2007年）和第二阶段（2008—2012年）采取“自下而上”基于成员国分配计划自主决策的方式，确定各成员国排放配额，并进一步得到欧盟层面的配额总量。这两个阶段配额总量分别达到20.96亿吨/年和20.49亿吨/年。由于配额总量管理较为宽松，欧盟碳市场在第一阶段和第二阶段仅完成框架的搭建，实际运行效果并不理想。在配额免费分配为主的2009—2013年，常常因为免费分配环节价格信号缺失，出现免费配额发放过度的问题，导致碳价一度大幅下跌，影响了市场活跃度。

在第三阶段（2013—2020年），欧盟采纳了《改进和扩大温室气体排放交易体系的建议书》的提议，由欧盟委员会在欧盟范围内统一进行排放总量限制。第三阶段的免费配额总量由2013年的20.84亿吨/年削减至18.16亿吨/年，年均下降幅度1.74%，且配额拍卖比例由第二阶段的不超过10%提升至第三阶段的57%。

当前欧盟碳排放交易体系进入第四阶段，为进一步实现减排55%（Fit for 55）更高水平的减排目标，2021年配额总量削减至15.72亿吨/年，此后每年递减速度也提高至2.2%，通过控制配额防止碳价过低。在配额总量逐步收紧的同时，配额测算方法由历史法调整为行业基准法与历史法相结合，超额排放的罚款力度加大，由第一阶段的40欧元/吨提升至第二和第三阶段的100欧元/吨，并在次年的排放许可权中将超额排放量扣除。欧盟碳排放交易体系已经成为目前全球最大的交易系统，其在现货市场和期货市场的交易数量和交易价格均创历史新高。

欧盟委员会公开表示，2030年欧盟的温室气体排放要降低55%，到2050年达到零排放。为达到这个目标需要采取一揽子措施，包括增加一个新的、独立的碳排放交易系统，这个系统将覆盖交通和建筑领域的碳排放，与现有的交易系统并行。

2.碳金融

欧盟碳金融伴随着碳市场的建立而快速发展。欧盟碳金融市场分为一级市场和二级市场。在一级市场，控排企业通过免费分配或拍卖获得配额，并采用现货或期货的方式在二级市场交易。2023年，欧盟二级碳市场成交量约为75亿吨，成交额6249亿欧元，市场换手率则高达417%。欧盟碳交易体系产品结构丰富，现货市场产品主要包括欧盟碳排放配额（EUA）、欧盟航空碳排放配额（EUAA）、核证减排量（CER）和减排单位（ERU）。金融衍生品市场产品除了基于欧盟碳排放配额、欧盟航空碳排放配额和核证减排量的期货以及欧盟碳排放配额期权之外，政府还推动设立了多只碳基金，投资于低碳经济、节能减排领域，实现发展低碳经济的目标，如荷兰清洁发展机制基金、荷兰欧洲碳基金、意大利碳基金、丹麦碳基金和西班牙碳基金等。

欧盟商业银行也加速碳金融创新，以支持低碳经济发展。一方面，瑞士银行、德意志银行、荷兰银行、巴克莱银行、汇丰银行和渣打银行等多家商业银行承认赤道原则，实行信贷业务环境风险评估，加大对低碳经济和低碳项目融资的支持力度。另一方面，发行低碳理财产品和低碳信用卡，如德意志银行推出挂钩“德银气候保护基金”和挂钩“德银DWS环境气候变化基金”的理财产品；荷兰合作银行发行与气候变化相关的信用卡，银行通过购买可再生能源项目的减排量，抵偿以该信用卡进行的各项消费为基础计算出的二氧化碳排放量。在欧盟二级市场中，期货交易约占碳交易规模的93%，成为欧盟碳市场的绝对交易主体，期货交割价也成为欧盟碳市场价格的重要参考标准。

由于碳排放权的供给弹性较低，碳价波动性比较大成为碳市场存在的主要问题，如何控制碳价过度波动也成为交易机制设计的核心问题之一。从欧盟EU ETS的经验来看，在2005年4月欧盟就推出了与EUA挂钩的碳期货产品，2006年10月推出了EUA期权产品，2008年3月和5月，分别推出了与CER挂钩的碳期货和期权产品，2019年，欧洲能源交易所中碳金融衍生品交易量达到4.26亿吨，其中EUA期货交易量1.67亿吨，同期碳配额现货的交易量只有5000万吨。对于投资者来说，碳期货等以碳配额为标的的金融衍生品，相对碳配额现货具有更强的金融属性，有助于吸引更多的金融机构进入碳市场进行交易，有利于提高整个碳市场的流动性和定价效率。

3.CBAM

欧盟正在加速推进跨边境调节机制以把控全球碳定价主动权。一是推动建立CBAM。欧盟委员会于2021年7月首次提出CBAM（简称碳关税）立法提案。此后欧洲理事会仅用不到8个月的时间，完成了碳关税立法草案的提出、修订和确认等工作。尽管2022年6月9日欧洲议会并未通过法案文本，但6月22日的修订议案得以高票通过。整体来看，修订议案进多退少，离“靴子”落地仅是时间问题。根据欧洲议会的激进方案，碳关税过渡期将从三年缩短至两年，覆盖范围在原有四个行业的基础上，增加塑料和有机化学品，并在2030年前进一步扩展至欧盟碳市场覆盖的所有行业。除此之外，间接排放也纳入征税范围，实施后将成为全球规模最大的跨边境碳定价机制。二是与美国建立“气候俱乐部”。2021年10月，美国和欧盟就以碳为基础的钢铝贸易达成新的协议，其目的是确立对低碳钢的共同定义，防止中国钢铁和铝“泄漏”到美欧市场。2022年，德国在担任G7轮值主席国期间，也将建立“开放合作的国际气候俱乐部”作为其政策重点之一。三是支持建立全球碳交易“地板价”，即碳交易具有价格下限，是最低保证价格。法国与IMF和WTO等国际组织大力推行建立碳交易“地板价”，德国也在“开放合作的气候俱乐部”政策框架下，将“地板价”作为碳定价统一标准的重点内容之一。

三、日本

日本已经实施的碳定价机制主要面向国内市场，包括被称为“日本碳税”的地球温暖化对策税、碳排放权交易以及信用制度，均已经建立基本框架；跨境碳定价机制则主要是面向限定国家的两国间联合信用制度，CBAM目前仍在讨论阶段。

1.碳税

2012年10月，日本正式引入地球温暖化对策税作为日本国内的碳税。按照计税依据，国际上常见的碳税可以分为以燃料为依据的碳税和以排放为依据的碳税。前者以化石燃料的消耗量作为计税依据，后者以二氧化碳或者温室气体的排放量作为计税依据。日本的碳税属于以燃料为依据，按照化石燃料的种类分别设置税率，并最终统一折合为每吨二氧化碳排放量的价格。为避免对企业造成过重负担，地球温暖化对策税的税率分3个阶段进行调整，每个阶段对石油、气态烃、煤炭的税率有所不同，并不断提升。第三个阶段是从2016年4月开始，石油、气态烃、煤炭的税率再次分别提高至760日元/吨、780日元/吨、670日元/吨。调整完成后，按排放系数折合成二氧化碳排放量的税率统一为289日元/吨。日本地球温暖化对策税的税收收入每年度约为2600亿日元。此外，日本还有石油煤炭税、挥发油税、液化石油气税、飞机燃料税、轻油交易税等针对各种能源的课税，这些税收也可以被纳入对碳排放征收的范围。如果加上这些能源课税，与碳排放相关的税收总收入可以达到每年度约4.3万亿日元，碳价格则由只计算地球温暖化对策税时的289日元/吨上升至约4000日元/吨。

2.碳市场

目前，日本碳排放权交易主要在东京都和埼玉县应用，还未形成覆盖全国的市场交易体系。信用交易是对企业等排放主体削减的二氧化碳排放量赋予一定的价值，并允许企业通过市场进行交易。目前日本国内使用的信用交易制度主要包括适用于电力行业的非化石电源认证制度和适用于所有行业的日本碳信用制度（J-Credit Scheme，简称J信用制度）。其中，非化石电源认证制度自2017年开始正式实施。该制度对来源于可再生能源和核能等非化石燃料的电力进行认证，并发行相应的“证书”（以千瓦时为计量单位），电力企业可以就“证书”在市场上进行交易，从而达到法律规定的非化石电源生产的比例目标。

J信用制度由日本经济产业省、环境省以及农林水产省共同管理。该制度与前述的碳排放权交易设置排放量上限有所不同，是对企业、农业从业者、森林所有者等设置基准排放量，即假设企业等如果不采取改进措施的情况下产生的排放量。在此基础上，对企业等通过引入设备或者改善生产流程和经营管理水平等方式减少的排放量或者增加的吸收量进行认证，并向其发放相应的信用额度（以碳排放量吨为计量单位），这些信用额度可以在市场上出售。J信用制度旨在鼓励企业等主动采取措施减少排放量，并将减少的排放量的价值显性化，使其具有市场流通性，同时满足购买方的多样化需求。

日本还与亚洲、非洲等区域内的发展中国家开展两国间联合信用机制（JCM）。在该制度下，日本通过向对象国提供脱碳技术、产品、系统、服务、基础设施建设等，对所产生的温室气体减排效果进行定量测算并在两国间分配信用额度，其中属于日本的部分可以计入向《联合国气候变化框架公约》

提出承诺的国家自主贡献，作为日本的减排成果。日本自2011年开始陆续与各个国家签订联合信用机制协议，截至2023年底发展至28个合作对象国，包括印度尼西亚、埃塞俄比亚、柬埔寨等。

日本国内碳定价机制的积极效应表现为：首先，价格机制将激发经营主体的减排动力，从而促进碳中和相关的设备投资和技术革新，投资的增加和全要素增长率的提高不仅能够反映到国内生产总值（GDP）的增长上面，对于盘活日本经济、增加市场活力、增加就业和培养高技术人才也是有利的；其次，社会资金将会流向更符合碳中和趋势的行业，从而助推日本产业结构转型升级，在全球碳中和浪潮下，有利于把握产业发展方向，保持长期竞争力；再次，能够扩大与低碳相关的产品和服务的出口，从而增加外需对日本经济增长的支撑；最后，价格机制能够起到良好的社会宣传效果，从而引导消费者转向低碳消费模式，同时，环境的改善也有利于社会可持续发展，实现经济与环境的协同发展。

消极效应表现为：首先，最直接的影响是增加企业负担，减少企业利润，无论是征收碳税，还是企业在市场购买碳排放权或者J信用制度，都相当于增加企业成本，体现为企业收益的减少，特别是在新冠疫情冲击下，日本企业已经出现经营困难的问题，一些企业也濒临破产，如果再增加企业负担，那将会加重对经济的打击；其次，企业为应对碳定价机制的要求，需要一些资金用于相关的设备投资或者购买额度，这样就会挤占企业原本用于其他重要投资或者技术研发的资金，也可能会挤占人力资本投资，影响就业市场；再次，碳定价相当于提高了能源使用价格，特别是日本电力行业，日本单位电价本身在国际上就属于较高水平，电价的提升并不利于日本向非化石电源转换；最后，碳定价增加企业产品和服务的成本，影响企业的国际竞争力，同时这些成本最终将转嫁到消费者身上，对民间消费也会造成冲击。

第四节　国际碳定价发展趋势

一、覆盖范围逐步拓展

近年来，全球范围内关注碳定价机制的国家日益增多，许多发展中国家开始研究制定和实施适合本国实际的碳定价政策。世界银行统计数据显示，截至2024年4月底，全球75个国家（地区）实施碳定价机制，其中39个采取碳税方式，36个建立碳排放交易体系，覆盖全球24%的温室气体排放量。在碳排放交易方面，新兴经济体积极实施新的碳市场，发达经济体也不断建设和完善既有碳市场。例如，巴西提出了实施碳市场的法律草案，墨西哥正在进行碳市场试点，印度公布了建立碳市场框架的步骤，越南计划在未来数年启动碳市场试点。加拿大联邦政府公布了专为石油和天然气行业设计的总量控制与交易体系，欧盟宣布针对建筑物、道路交通和其他产业推出的单独的碳市场，美国纽约州和科罗拉多州正在积极发展和推出新的碳市场。在碳税方面，匈牙利实施了新的碳税制度，中国台湾和墨西哥瓜纳华托州计划引入碳税制度，斯洛文尼亚恢复了此前废止的碳税制度。①

二、价格水平稳中有升

一是能源价格、应对气候变化等因素推升碳价。一方面，新冠疫情、俄乌冲突等都促使全球石油和天然气价格进一步上涨。对于燃料价格高敏感性的国家，越来越高的碳价格将给已经承受了高额能源价格的公民和企业带来超额的价格压力。部分国家推迟了其碳定价工具的执行。比如，2022年4月，

① 世界银行.碳定价进展与趋势2024年度报告［R］.2024.

印度尼西亚就宣布由于其受到能源上涨的负面影响，将推迟推行征收碳税。墨西哥也宣布对汽油和柴油免征碳税。另一方面，许多研究认为碳定价是反映减排力度的综合性指标，要实现碳中和发展目标，需要持续提升碳价水平。国际货币基金组织碳价政策高级别委员会研究认为，若要达到《巴黎协定》的控温目标，2020年碳价至少应达到每吨40～80美元，2030年碳价须达到每吨50～100美元。能源咨询公司伍德麦肯兹研究认为，要实现1.5℃的温升控制目标，2030年碳价水平要达到160美元/吨。路透社对来自世界各地约30位气候经济学家进行的调查得出：到2050年实现净零排放目标，每吨二氧化碳的全球平均价格需要大幅提高至100美元或更高。部分国家随着公众对应对气候变化支持度的提高，制定了更为激进的碳定价目标，开始采取定期增加碳税的举措。比如，新加坡计划在未来几年逐步提高碳税，从目前的每吨二氧化碳排放征收5新加坡元，上涨到2030年征收50～80新加坡元（相当于37～59美元）。南非也计划提高碳税，从目前每吨二氧化碳排放征收10美元，到2026年提高到20美元，2030年30美元，2050年120美元。加拿大于2021年也发布了最新碳价，每吨二氧化碳缴纳15加元（相当于12美元），到2030年将提升到170加元（相当于136美元）。

二是金融机构的进入叠加全球经济和政治不稳定带来价格波动。对非实体部门（金融机构）开放碳排放交易系统直接增大了碳排放价格的波动性，特别是叠加全球经济和政治不确定性增加，导致不同碳市场的价格呈现出不同的趋势。欧盟和英国碳市场价格在2023年上半年达到创纪录新高后，下半年出现大幅回落。而北美碳市场则在2023年呈现价格整体上涨态势，例如加利福尼亚州、魁北克州和华盛顿州的碳市场。值得注意的是，2023年多个国家出现了较为严重的通货膨胀，这也对这些国家的碳市场价格造成了一定影响。

三、影响程度日益深远

随着国际气候治理地位的上升，围绕碳定价问题的国际竞争与合作日趋复杂。碳定价正在由国内政策向贸易政策、由单纯应对气候变化问题向全方位国际竞争博弈不断延伸，对国际贸易、投资、产业竞争力以及气候、能源治理等带来深远影响。欧盟加快推进CBAM立法，G7国家计划成立气候俱乐部。一些国际机构把碳定价作为衡量应对气候变化努力程度的主要指标，提出设置国际碳价下限、建立碳定价包容性框架等倡议。2020年以来，全球气候治理体系进入了以《巴黎协定》为核心的阶段，重心逐步由谈判转向落地实施，尤其是该协定第六条中（6.2、6.4）相关的国际碳交易机制设计、财金议题等成为争论焦点。

第五节　启示与借鉴

一是碳定价机制在欧盟推动能源转型过程中发挥了积极作用。欧盟国家将碳定价机制作为推动能源转型的重要抓手。一方面，欧盟温室气体排放贸易机制是世界首个、也是最大的跨国二氧化碳交易项目。2021年，欧盟推出“Fit for 55”的能源和气候一揽子计划，对已经建立16年的欧盟碳排放交易体系进行进一步的改革。新计划提议，将进一步降低总体排放上限，并提高其年减排率。另一方面，欧洲也是全球碳税征收最为成熟的地区。碳税对欧洲国家，尤其对北欧国家减少碳排放、降低能耗、推动能源绿色发展产生了积极的促进作用。

二是发达国家碳定价机制经历“边学边做”不断完善的过程。主要发达国家在推行碳定价机制过程中大多都具有循序推进的特征，分阶段、分步骤地制定柔性的缓和式策略，并灵活把握推进节奏，以不同形式减小对经济社会的冲击，有效规避政治阻力。大多数国家在引入碳定价机制前较长时间就宣告相关计划，给予企业充裕的时间进行生产工艺改进和生产原料转换，在不承担税负的情况下主动调整能源消费结构；并采取征税范围逐步扩大，税率从低到高动态调整等做法。以欧盟碳市场为例，已历经三个阶段，目前正进入第四个阶段，呈现出“边学边做”逐步完善的明显特点。欧盟持续跟踪评估碳市场运行效果，先后发现了配额过剩、数据质量差、监管不足等问题，对不同阶段碳市场制度设计进行了相应的调整。欧盟碳市场覆盖范围从最初的电力和制造业逐步增加了航空业、海运、陆路运输和建筑业。碳配额总量最初十分宽松，从第三阶段开始按照每年1.74%的速度减少，以此进一步提升了配额减少的速率，在不同阶段配额拍卖比例也逐步增加。此外，为解决碳市场早期出现的市场操纵等违规行为，欧盟加强了市场监管并强化了惩罚机制。

三是需关注碳定价机制对经济社会的综合影响。将减排政策简单价格化将可能产生不良政策导向。在碳定价包容性框架下，部分国家可能为规避显性碳价对国内产业的冲击，不考虑政策对能源安全和市场竞争的影响，出台大量扭曲市场的绿色发展相关补贴政策，以提高总碳价。盲目采取“一刀切”和“运动式”减排政策，引发能源危机、产能过剩等问题的风险将有所增加。2022年以来俄乌冲突引发的能源紧张造成电价上涨，叠加碳价传导进一步推升电价，欧洲有色金属协会指出欧洲一半的先进铝业和锌产能已经关停。与此同时，鉴于隐性碳定价政策的多样性和量化技术的复杂性，引入隐性碳价后的总碳价将呈现更大的波动性，企业投资低碳技术的回报预期将面临更大的不确定性，不仅不利于促进低碳技术的发展，甚至可能削弱碳定价机制的减排效果。

四是不同国家碳价不具有横向可比性。各国对碳税、碳交易的机制设计不同、适用范围不同、配套措施不同，且民众对价格接受能力也不同，使得各国碳价很难进行横向比较。一方面，各国碳税征收情况不尽相同，有的是作为独立税种，有的以早已存在的能源税或消费税附加税目的形式出现。芬兰、丹麦、瑞典、挪威、荷兰、加拿大等国专门设立碳排放税在全国征税，而英国、法国、日本等国则在现有化石燃料相关税收基础上附加征收，将碳税与能源税或环境税结合。另一方面，为了减少碳定价机制对经济社会产生的不利影响，多国已经出台相关配套补偿政策。例如，爱尔兰于2020年底进行的碳税改革要求将更多的碳税收入用于社会保护类支出；德国要求将碳交易收入用于脱碳和降低电价、公共交通费用等方面；加拿大不列颠哥伦比亚省规定碳税收入可以一次性退税补偿给低收入人群，起到了转移支付的公共财政作用。此外，在具体实践中，作为生态税制改革的重要环节，许多发达国家把碳税收入用于就业等其他领域减税、退税等。例如，挪威在征收碳税的同时，减免了其他领域的一些税收，并将碳税收入一部分投入养老基金等财政支出项目。因此，各国碳价呈现出水平差异较大的特点。

第二章
我国碳定价实施进展

第一节　我国碳定价的类型和发展历程

一、我国碳定价的类型

按照上一章的分类方法，我国碳定价同样可以分为显性碳定价和隐性碳定价两类。其中显性碳定价以碳市场为主，碳税仍处于研究阶段，并未实施。

目前我国的隐性碳定价可以分为正向碳定价和负向碳定价两类。正向碳定价是对碳减排有激励作用的政策，而负向碳定价是对碳减排有负向作用（即引起碳排放增长）的政策，例如化石能源利用的税费减免政策、金融支持政策等（见表2-1）。正向碳定价主要指在节能、可再生能源、碳达峰碳中和等领域实施的财税金融支持类政策和法规标准引导类政策，也包括在产业结构调整、环境污染治理、循环经济等领域实施的协同增效类政策。这些政策一方面边界更宽，很多政策出台并未把碳减排作为首要目标，另一方面部分法规标准类政策的资金支出难以量化，目前OECD等组织和部分专家学者正在积极探索将这些政策的减排效果和资金支出进行量化的方法，并提出了综合碳价的概念，即：综合碳价=单位减排成本 × 政策的减排量 ÷ 国家总排放量。

表2-1 我国碳定价工具分类

<table>
<tr><th>类别</th><th>大类</th><th>细分</th></tr>
<tr><td rowspan="2">显性碳定价</td><td>碳市场</td><td>强制性碳市场、自愿减排市场</td></tr>
<tr><td>碳税</td><td>碳税（计划中），作为税种或税目</td></tr>
<tr><td rowspan="2">隐性碳定价</td><td>正向碳定价</td><td>财税金融类：清洁能源财政补贴、节能提效财政补贴、化石能源税等
法规标准类：节能标准、环境排放标准等
协同增效类：产业结构调整、环境污染治理、循环经济等</td></tr>
<tr><td>负向碳定价</td><td>化石能源税费减免、金融支持等</td></tr>
</table>

隐性碳定价工具在我国节能降碳政策中发挥了重要作用。一直以来隐性碳定价工具在我国占重要地位，Carhart 等人研究表明，化石燃料税、清洁能源电价补贴是我国综合碳价的主要组成。我国利用隐性碳定价政策支持清洁能源发展和节能提效工作也取得了突出的成就。例如，我国自2008年开始对光伏发电执行上网电价政策，对分布式发电执行财政补贴政策，2011年根据项目投产时间长短确定的光伏电价分别达1.15元/千瓦时、1元/千瓦时。高电价政策为光伏行业的早期发展提供了稳定的资金支持，也为光伏行业树立全球竞争力、逐步进入平价时代奠定了有力基础。财政部数据显示，2022年可再生能源电价附加补助地方资金仍高达67亿元。7个主要碳排放国家不同碳定价工具在综合碳价中所占比例见图2-1。

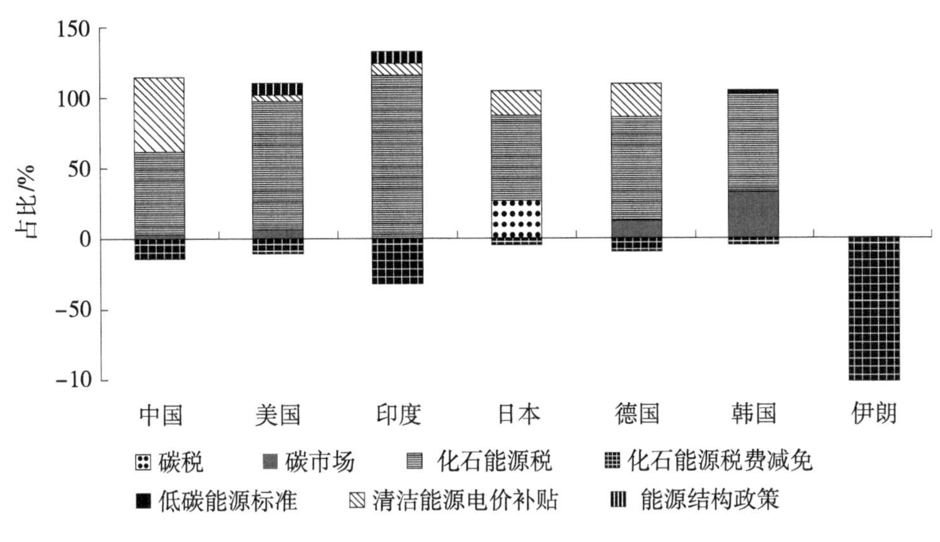

图2-1　7个主要碳排放国家不同碳定价工具在综合碳价中所占比例

资料来源：CARHART M，LITTERMAN B，Munnings C，et al. Measuring Comprehensive Carbon Prices of National Climate Policies [J]. Climate Policy，2022：1-10.

二、碳市场发展历程

1. 2005—2013年：清洁发展机制为国内碳交易机制奠定基础

《京都议定书》规定，发展中国家可以通过向发达国家出售清洁发展机制（Clean Development Mechanism，CDM）项目参与全球碳市场。CDM是国内碳市场发展的起点，为国内碳交易机制的发展奠定了基础。CDM的基本运作是以项目为基础，买方是发达国家，卖方是发展中国家，碳减排要经过监测和核准，最后确定项目总排放量。一些学者大多认为CDM机制是一种双赢机制：一方面，CDM机制有利于发展中国家通过合作可以获得有利于能源可持续发展的先进技术和急需的资金；另一方面，可协助发达国家大幅度降低其在国内实现减排所需的高昂费用，加快减缓全球气候变化的行动步伐。

为维护国家权益，保证CDM项目的有序实施，2001年，国家气候变化对策协调小组办公室组织有关部门和专家，开始起草《清洁发展机制项目运行管理暂行办法》，标志着CDM项目在国内开始获得政府的鼓励和支持。2004年5月，国家发展改革委、科学技术部和外交部等共同制定颁布了《清洁发展机制项目运行管理暂行办法》。2005年2月，《京都议定书》正式生效，CDM项目实施的法律风险已经消除。2005年10月，我国政府正式发布《清洁发展机制项目运行管理办法》，标志着我国CDM项目进入快速增长阶段。我国CDM项目分布迅速由最初的少数几个地区扩展到全国31个省（区、市），并且表现出一定的地域性和行业性特征。风电项目主要集中在沿海地区、内蒙古、新疆和东北三省；水电项目主要集中在云南、四川、湖南等地；煤层气的回收利用主要集中在山西、河南和安徽。随后，为了进一步规范CDM项目的实施，维护CDM项目业主及参与各方的权益，我国政府又颁布了《关于规范中国清洁发展机制项目咨询服务及评估工作的重要公告》《关于中国清洁发展机制基金及清洁发展机制项目实施企业有关企业所得税政策问题的通知》等规章制度，逐步建立健全了CDM政策法规体系。

由于减排规模大、减排成本低、项目质量较高等特点，我国CDM项目一度深受国际买家青睐。从2006年第三季度开始，我国CDM项目数量超过印度，成为每季度新增项目数最多的国家。截至2013年底，我国CDM项目的累计碳减排量领先于其他发展中国家，占全世界总量的80%以上。2013年后，《京都议定书》第二承诺期的约束力严重下降，国际间交易量大幅降低，地区性碳市场承接起了实现地区减排目标的重任，新的地区性碳市场纷纷建立并蓬勃发展。我国CDM签发量及其占全球比重见图2-2。

我国在开发CDM项目的数年间显著提高了应对气候变化的意识和能力，为我国减排项目开发积累了宝贵的经验，也为我国碳市场培养了第一批技术性人才。以CDM项目收入为基础成立的中国清洁发展机制基金，对我国国内碳市场的发展起到了重要支撑作用。同时，CDM的制度架构及其相关技术文件，为我国国内碳市场的制度设计提供了参考模板。我国通过CDM累积的

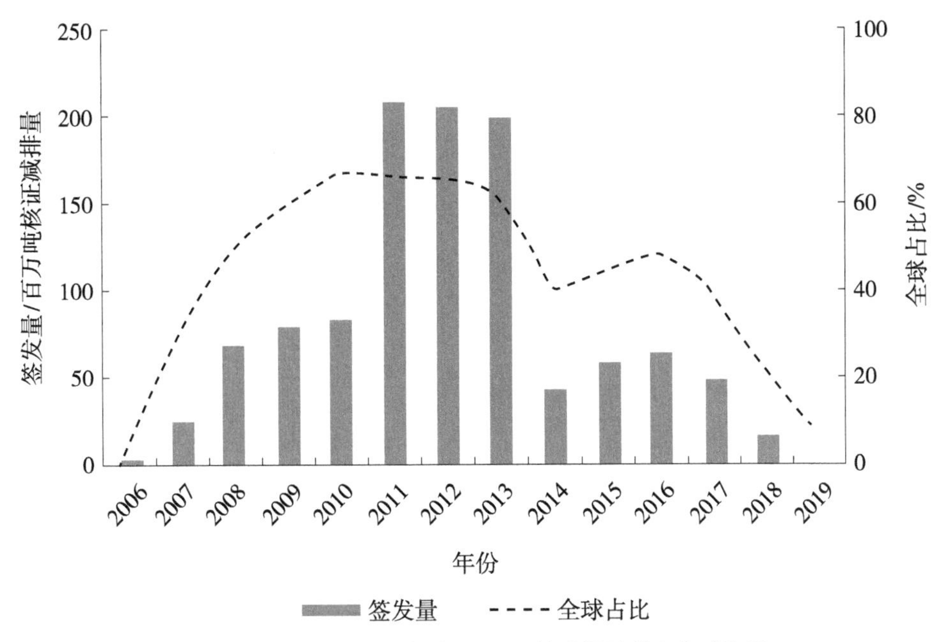

图2-2 2006—2019年我国CDM签发量及其占全球比重

资料来源：国家气候变化对策协调小组办公室。

应对气候变化能力在相当短的时间内为国内碳市场的设计和运行作出了巨大贡献。

2. 2010—2013年：碳市场建设准备阶段

新世纪第一个10年，随着我国经济高速发展，我国的碳排放呈快速增加趋势。荷兰环境评估局2009年报告显示，我国已经是全世界第一大碳排放国，约占全球碳排放份额的25%，占全球新增温室气体排放量的40%。国际社会对我国减排不断施加压力。2009年，我国首次向国际社会宣布到2020年单位生产总值二氧化碳排放比2005年降低40%～45%的国际承诺。

2010年9月，时任国家发展改革委副主任解振华在“中国应对气候变化采取的政策和措施新闻发布会”上表示，在“十二五”期间，我国会更多地利用市场机制和经济手段来实现碳排放强度降低的目标。2010年10月印发的《中共中央关于制定国民经济和社会发展第十二个五年规划的建议》明确提出

“逐步建立碳排放交易市场”，这是首次以中央文件的形式对“碳排放交易”给出明确的实施时间。为落实“十二五”规划关于逐步建立国内碳排放交易市场的要求，推动运用市场机制以较低成本实现2020年我国控制温室气体排放行动目标，2011年10月，国家发展改革委印发《关于开展碳排放权交易试点工作的通知》，批准在北京、天津、上海、重庆、湖北、广东和深圳开展碳排放权交易试点。

3. 2013—2021年：区域碳市场试点阶段

经过2～3年的建设，自2013年6月至2014年4月间各试点陆续开市交易。试点工作启动以来，7个试点地区政府高度重视碳交易体系建设，根据自身的产业结构、排放特征、减排目标等情况，进行碳市场顶层设计。在此基础上，组织相关部门开展各项基础工作，包括设立专门管理机构，制定地方法律法规，确定总量控制目标和覆盖范围，建立温室气体排放测量、报告和核查（Monitoring，Reporting，Verification，MRV）制度，制定配额分配方案，建立和开发交易系统和注册登记系统，建立市场监管体系，以及进行人员培训和能力建设等。截至2023年底，7个试点地区累计配额成交量约为4.86亿吨二氧化碳当量（CO_2e），累计成交额突破136.4亿元，企业履约率普遍维持在较高水平，基本形成了要素完善、特点突出、初具规模的地方碳市场。

通过近十年大量细致探索性的工作，碳交易试点为全国碳市场建设营造了良好的舆论环境，提升了企业和公众实施碳管理、参与碳交易的理念和行动能力，锻炼培养了人才队伍，推动形成碳管理产业，更重要的是逐渐摸索出建设符合中国特色的碳交易体系的模式和路径，为设计、建设和运行管理切实可行、行之有效的全国碳市场提供了宝贵经验。

4. 2014—2021年7月：全国碳市场建设阶段

2014年，在国家发展改革委的组织和指导下，借鉴试点碳市场建设经验，全国碳市场制度顶层设计和建设拉开帷幕。2018年4月，国务院应对气候变化主管部门由国家发展改革委转隶至生态环境部，全国碳市场建设持续加速。2020年12月，生态环境部发布《碳排放权交易管理办法（试行）》，全国碳市场迎来了第一个履约周期。

在此之前，为统一和确保全国体系下重点排放单位排放数据的质量，国家发展改革委发布了重点行业温室气体排放监测、核算、报告、核查的管理细则和技术指南，组织开展了2013—2015年和2016—2017年两次企业温室气体排放数据报告核查。转隶工作完成后，生态环境部持续强化排放数据管理制度建设，持续推进重点排放单位历史碳排放数据报告和核查工作，进一步强化了对碳排放监测工作的要求，完成了2018年度及2019年度数据报告核查，在2021年3月启动了2020年度数据报告核查，碳排放数据报告核查工作已形成常态化。在摸清碳排放数据的基础上，主管部门研究制定了发电行业配额分配方案和技术指南。2019年10—12月，生态环境部在全国15个地市举办了17场碳市场配额分配和管理系列培训班，为全国碳市场发电行业的配额分配方案做好数据收集、分析等基础工作，为发电行业配额分配方案的出台奠定了坚实基础。

与此同时，生态环境部持续加强全国碳市场的顶层设计。结合应对气候变化工作新形势，生态环境部于2020年12月发布了《2019—2020年全国碳排放权交易配额总量设定与分配实施方案（发电行业）》，并公布了首批纳入的2225家发电企业名单。这些企业总排放规模预计超过40亿吨，约占全国碳排放总量的40%。上述文件与2021年2月生效的《碳排放权交易管理办法（试行）》和2021年3月发布的《关于加强企业温室气体排放报告管理相关工作的通知》，构成了全国碳市场（发电行业）管理的纲领性文件。

5. 2021年7月至今：全国碳市场运行阶段

2021年7月16日，全国碳市场顺利上线运行。全国碳市场运行以来，相继完成了第一个履约周期（2019—2020年）和第二个履约周期（2021—

2022年）的配额清缴工作。截至2023年12月31日，配额累计成交4.42亿吨，累计成交额249.19亿元。其中大宗协议交易量3.70亿吨，占比84%，挂牌协议交易量0.72亿吨，占比16%。2024年4月24日，全国碳市场价格首次突破100元/吨，成为碳市场发展运行的又一标志性事件。

全国碳市场运行以来，我国持续加强碳市场建设。

一是建立了一套较为完备的制度框架体系。生态环境部先后印发《碳排放权交易管理办法（试行）》和碳排放权登记、交易、结算等3个管理规则，发布并完善发电行业碳排放核算报告核查技术规范和监督管理要求等。在此基础上，2024年1月国务院发布了《碳排放权交易管理暂行条例》，标志着全国碳市场建设正式走向法治轨道。当前，我国初步形成了拥有行政法规、部门规章、标准规范以及注册登记机构和交易机构业务规则组成的全国碳市场法律制度体系和工作机制。

二是发布碳排放配额分配方法，持续优化碳排放核查、登记和碳排放配额发放、交易、清缴流程。生态环境部先后印发2019—2020年度和2021—2022年度《全国碳排放权交易配额总量设定与分配实施方案（发电行业）》，按照机组类型对火电机组发放配额，并优化了火电碳排放基准值的计算方法。同时，也对水泥、铝冶炼等行业企业的温室气体排放核算方法进行完善。此外，进一步优化调整碳排放核查、登记和碳排放配额发放、交易、清缴等流程，碳市场运转的流程化、制度化不断加强。

三是建成了“一网、两机构、三平台”的基础设施支撑体系。建成了“全国碳市场信息网”，集中发布全国碳市场权威信息资讯。成立全国碳排放权注册登记机构、交易机构，对配额登记、发放、交易、清缴等相关活动精细化管理。当前，我国建成并稳定运行全国碳排放权注册登记系统、交易系统、管理平台三大基础设施，实现了全业务管理环节在线化、全流程数据集中化、综合决策科学化，全国碳市场基础设施支撑体系基本形成。

四是持续提升碳排放核算和管理能力。建立碳排放数据质量常态化长效监管机制，实施“国家—省—市”三级联审，运用大数据、区块链等信息化技术智能预警，将数据问题消灭在萌芽阶段。创新建立履约风险动态监管机制，督促企业按时足额完成清缴。参与碳市场的企业均建立了碳排放管理的内控制度，将碳资产管理纳入日常生产经营活动，相关企业的管理能力和核算能力显著提升。

三、碳税研究进展

我国尚未推出碳税，国内学术机构对碳税的研究大致分为三个阶段，一是2009—2011年，由财政部财政科学研究所等机构牵头对碳税进行了首次系统化研究；二是2015—2017年，随着环境保护税的推出，国内碳税研究进入第二次高峰期；三是“双碳”目标提出以来，碳税作为一项重要的政策，日益受到政府和学界的重视。总体来看，碳税研究涵盖了碳税的征收方式、征税对象和环节、税率设计、税收归属和使用等方面，并分析了碳税可能产生的宏观影响。

1.碳税的征收方式

对于碳税的征收方式，有四种观点：第一种观点认为要独立征收碳税；第二种观点认为应在环境税中设置碳税税目，例如生态环境部环境规划院院长王金南院士、中国科学院王毅教授支持该形式，2021年11月30日至12月2日召开的联合国发展中国家碳税专家讨论会上，与会专家同样支持该形式；第三种观点以林伯强教授为代表，认为应在资源税中设置碳税税目；第四种观点认为不需单独设置碳税税种或税目，仅需要在已有税收中体现相关内容即可，例如在燃油税中体现相关内容。

2.碳税的征税环节和征税对象

碳税征收的形式决定了征税的环节，征税的环节又与征税对象对应。如果在资源开采环节征税，对象是能源开采或进口企业；如果在化石燃料销售环节征税，对象是加油站企业；如果在化石燃料使用环节征税，对象是终端企业（包括个人）。

关于碳税的征收环节，苏明、崔军、杨杨等人的研究认为，考虑到我国目前对煤炭、天然气和石油的征税均在生产环节，为保障碳税的有效征收，减少税收征管成本，应在生产环节，即化石能源的生产环节和进口环节征收碳税。

关于碳税的征收范围和对象，苏明认为，碳税的征收范围和对象是在生产、经营和生活等活动过程中因消耗化石燃料直接向自然环境排放的二氧化碳，征收对象实际上最终将落到煤炭、成品油、天然气等化石燃料的消耗上，纳税人是因消耗化石燃料而直接向自然环境中排放二氧化碳的单位和个人；崔军认为，碳税的开征之初，可以根据煤炭、成品油、天然气等化石燃料的含碳量作为课税对象，技术成熟后再以二氧化碳的排放量作为课税对象；张明文等人认为，现阶段我们应该分地区、分税率进行碳税征收，以使我国大部分地区在保持经济增长和体现社会公平的前提下实现节能减排目标；杨杨等人提出，要灵活选择征税对象，在碳税实施初期应考虑选择能源产品的“下游”消费者作为征税对象。国务院发展研究中心冯俏彬研究员认为，要将碳排放达到一定标准同时没有进入碳市场的主体一并纳入，力争全覆盖。中国财政科学研究院许文研究员从协调碳税和碳交易的角度提出，考虑到目前碳市场价格水平较低，从公平的角度出发，应考虑对全部排放企业进行征收，以保证政策的公平性和调控效果；在实行碳配额有偿分配后，需根据碳税实施路径和征收范围的不同，对两者进行调控范围或调控力度上的协调。

3.碳税的税基和税率

税基是指政府征税的客观基础，即解决对谁的“什么”征税的问题。对于碳税的税基，目前的争议在于是按照化石能源含碳量计征还是排放量计征。

一般来讲，如果以环境税征收，税基是排放量；以资源税征收，税基是能源实物量的使用。

税率是对征税对象的征收比例或征收额度。目前关于碳税的税率依然在论证中，生态环境部环境规划院、中国财政科学研究院等认为，碳税应从每吨10～20元的低税率起步，逐步提高税率水平。

4.碳税收入的归属和使用

关于碳税的收入归属也是热议的话题之一，争议的焦点是碳税应该归属于中央税、地方税还是共享税。目前在已出台的法律中，环境税、成品油消费税都有明确归属。2017年12月，《国务院关于环境保护税收入归属问题的通知》中明确环境保护税全部作为地方收入。但是各地比例不一，有的省市分成，有的全归县级所有。我国的成品油消费税是中央税，税收的收入归中央。

关于碳税税收使用问题，王金南、周小川等人认为应专款专用，将筹集的资金款专门用于某类环境项目或其他特定支出项目的使用方式，比如支持可再生能源发展。主要理由：一是将征收到的资金专门使用在环境项目上，能够最大限度地促进环境保护，提高环境质量，实现环境税法律制度构建的根本目标；二是把新增的环境税收入专门用来降低劳工税或所得税负担，用来补充养老金等方面，可以获得纳税主体更多支持，确保环境税为社会接受；三是专款专用的方式比较透明，收入与支出之间关系直接而清晰，比较容易受到公众的监督。

但是，专款专用方式也存在着不少弊端和局限，因此受到了不少学者的批评和质疑。比如，在没有考虑环境税收入使用的经济合理性以及环境合理性之前，就将其使用特定化，只能导致经济上的浪费。这种情况还可能阻止公共支出的最优化。而且，一旦专款专用方式形成惯例，政府在制定财政政策、进行财政预算时将处于十分被动的局面。因此，苏明、许文等人认为应将碳税设计成中央与地方共享税，并且提出中央、地方的收入分成比为7∶3。

5.碳税的宏观影响

碳税对经济社会的影响，与一段时期的经济社会形势、化石能源价格、碳税制度设计（如征税范围和税率水平）以及配套经济政策等多方面因素相关。一般来讲，碳税的征税范围越窄、税率水平越低，其对经济的影响也就越小，但这样也可能达不到征税的效果。姜克隽、苏明、王金南、曹静等学者均对碳税的宏观影响开展研究，结果表明，在税率不高的情况下（每吨10～30元），碳税对GDP的影响不超过0.1%，节能率相较基准情景仅3%左右。当税率提高到200元/吨时，碳税对GDP的影响将达到0.5%，与此同时节能率将达到20%。

四、隐性碳定价发展历程

1.节能领域

“十一五”期间，我国首次将单位生产总值能耗下降20%作为约束性指标纳入国民经济社会发展五年规划。“十二五”以来，我国连续将单位生产总值能耗下降16%、15%、13.5%纳入五年规划。为推动规划目标的落实，我国逐步建立和完善了能源消费总量和强度“双控”制度，其中财税金融政策和法规标准政策是关键支持政策。

财政政策方面，中央政府和省市级政府加大对节能项目的投入，通过预算内资金等方式支持高效节能技术和产品推广、重点行业重大节能技术改造、重大节能技术示范工程以及节能管理的能力建设。“十二五”期间，我国实施节能减排财政政策综合示范，对部分节能减排效果突出的地区予以财政支持和奖励。“十四五”时期，国家发展改革委印发了《污染治理和节能减碳中央预算内投资专项管理办法》《节能降碳中央预算内投资专项管理办法》，不断优化财政资金的支持方式和范围，提升资金利用效率。

税收政策方面，我国制定并更新《节能产品目录》，对生产和使用列入目录的产品给予税收优惠。研究提出具体的税收优惠政策，如对节能减排设备投资给予增值税进项税抵扣，完善对废旧物资、资源综合利用产品增值税优惠政策等。

价格政策方面，推行居民用电阶梯价格，落实煤层气、天然气发电上网电价和脱硫电价政策，出台鼓励余热余压发电上网和价格政策。对电解铝、铁合金、钢铁、电石、烧碱、水泥、黄磷、锌冶炼等高耗能行业中属于产业结构调整指导目录限制类、淘汰类范围的，严格执行差别电价、惩罚电价等政策。

绿色金融方面，我国逐步建立健全绿色信贷、绿色债券、绿色保险等标准体系，稳步扩大绿色金融、转型金融支持范围，推进环境信息披露。人民银行推出碳减排支持工具等结构性货币政策工具，引导金融机构加大对绿色发展等领域的支持力度。

同时，我国高度重视法规标准对于节能工作的重要作用。以标准为例，我国目前已经形成包括基础共性、目标、设计、建设、运行等在内的节能标准体系。我国制定和持续更新电力、钢铁、水泥、化工等工业领域的重点产品节能标准，以及《严寒和寒冷地区居住建筑节能设计标准》《近零能耗建筑技术标准》《载货汽车运行燃料消耗量》《公路工程节能规范》等建筑、交通领域节能标准。“十四五”时期，我国发布工业重点领域能效标杆水平和基准水平，并提出到2025年钢铁、建材、石化、有色等重点行业能耗基准水平以下的产能基本清零。

2.可再生能源领域

我国高度重视可再生能源发展。“十二五”“十三五”时期，我国连续将非化石能源占一次能源消费比重作为约束性指标纳入国民经济发展规划。2020年，习近平主席向全世界庄严宣布我国碳达峰碳中和目标，并提出到2030年我国一次能源消费占能源消费总量比重达到25%、风电光伏装机总量达到12亿千瓦等目标。

为支持可再生能源发展，我国从价格、税收、金融等方面予以了一系列支持。

价格政策方面，“十一五”期间，我国建立了风电、光伏特许权招标电价补贴政策。2009年和2011年，我国相继出台风电、光伏固定上网电价政策，针对不同的风电、光伏资源地区分类制定上网电价标准。“十二五”以来，我国还通过规范可再生能源电价附加制度保障可再生能源发电投资收益。随着可再生能源发电成本的逐步降低和电力市场建设进程加快，我国对可再生能源的价格补贴政策也在不断退坡，转而以可再生能源保障性收购和促进可再生能源消纳为重点的政策。2019年5月，国家发展改革委和国家能源局联合发布了《关于建立和完善可再生能源电力消纳保障机制的通知》，“十四五”时期，有关部门相继发布了《关于做好可再生能源绿色电力证书全覆盖工作促进可再生能源电力消费的通知》《关于加强绿色电力证书与节能降碳政策衔接大力促进非化石能源消费的通知》《关于做好新能源消纳工作 保障新能源高质量发展的通知》，持续促进可再生能源发展。

税收政策方面，“十一五”期间，我国开始对可再生能源技术研发、设备制造等给予企业所得税优惠。近年来我国持续优化可再生能源相关税收优惠政策范围。例如，对可再生能源项目实施的设备购置和运营维护等给予增值税减免或即征即退政策，对节能环保电池、涂料等可再生能源相关产品免征消费税，对新能源车船免征车船税，对新能源汽车免征车辆购置税等。

金融政策方面，我国鼓励金融机构向可再生能源项目提供贷款和信贷支持，支持金融机构在风险可控的前提下加大绿色债券、绿色信贷对新能源项目的支持力度。我国已将新能源项目纳入基础设施不动产投资信托基金（REITs）试点支持范围，正在加快完善项目程序流程和相关规范。此外，还结合完善全国碳市场，支持将符合条件的新能源项目温室气体核证减排量纳入全国碳市场进行配额清缴抵销。

第二节　全国碳市场建设成效

一、制度框架

2021年7月16日，全国碳市场上线交易。全国碳市场的交易中心位于上海，碳配额登记系统设在武汉。企业在湖北注册登记账户，在上海进行交易，两地共同发挥全国碳排放权交易体系的支柱作用。目前，全国碳市场已形成由政策法规体系、主要制度体系、多层级联合监管体系、运行支撑系统体系组成的制度框架（见图2-3）。

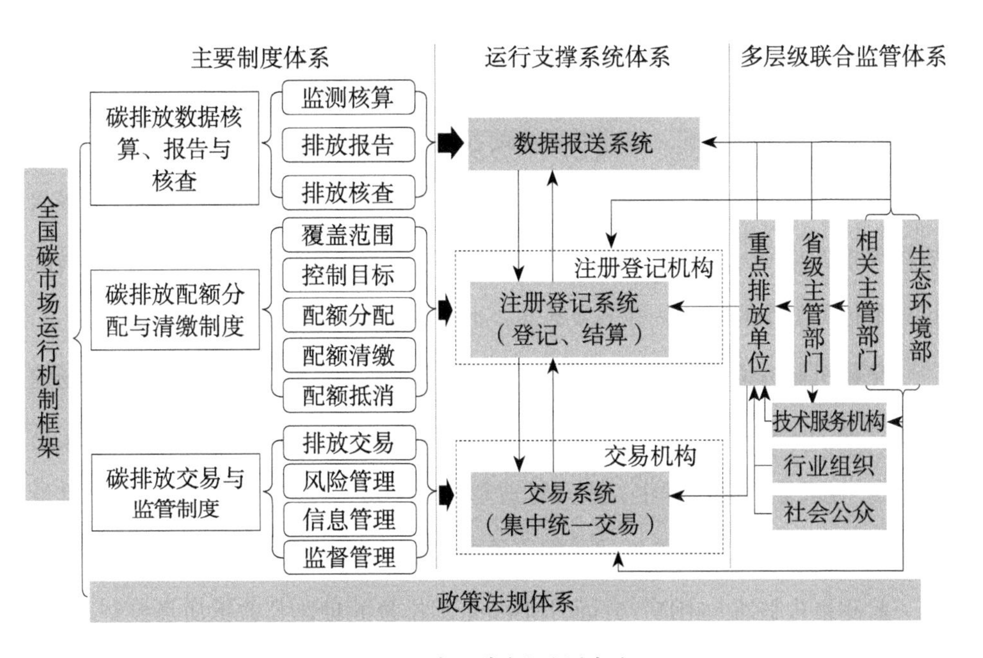

图2-3　全国碳市场制度框架

资料来源：中华人民共和国生态环境部.全国碳排放权交易市场第一个履约周期报告［R/OL］.（2023-01-01）［2024-02-01］.https://www.mee.gov.cn/ywgz/ydqhbh/wsqtkz/202212/P020221230799532329594.pdf.

覆盖范围方面，根据生态环境部发布的《碳排放权交易管理办法（试行）》，本阶段纳入全国性碳排放交易主体的企业须满足以下条件：属于全国碳市场覆盖行业的、年度温室气体排放量达到2.6万吨二氧化碳当量的“温室气体重点排放单位”，当前全国碳市场以发电行业（2225家企业）为起步，配额总量约为45亿吨，约占全国碳排放总量的40%。

总量目标方面，根据《2019—2020年全国碳排放权交易配额总量设定与分配实施方案（发电行业）》，配额总量采用“自下而上”加总方式：将核定后的本行政区域内各重点排放单位配额数量进行加总，形成省级行政区域配额总量，再将各省级行政区域配额总量加总，最终确定全国配额总量。

配额分配方面，根据《2019—2020年全国碳排放权交易配额总量设定与分配实施方案（发电行业）》，我国碳市场目前采取的配额分配方式是以强度控制为基本思路的行业基准法，实行全部免费分配。这个方法基于实际产出量，对标行业先进碳排放水平，配额免费分配而且与实际产出量挂钩，既体现了奖励先进、惩戒落后的原则，也兼顾了当前我国将二氧化碳排放强度列为约束性指标的考核制度安排。2022年以来，生态环境部先后印发《企业温室气体排放核算与报告指南 发电设施》《关于做好2021、2022年度全国碳排放权交易配额分配相关工作的通知》等多项通知，不断优化电力行业的配额分配方法。

交易机制方面，根据《碳排放权交易管理办法（试行）》，全国碳市场的交易产品为碳排放配额（主管部门可以根据国家有关规定适时增加其他交易产品）。在配额清缴过程中，重点排放单位每年可以使用国家核证自愿减排量抵消碳排放配额的清缴，抵消比例不得超过应清缴碳排放配额的5%。

监测报告核查（MRV）方面，MRV是碳排放的量化与数据质量控制过程，科学完善的MRV体系是碳交易机制建设运行的基本要素。为严厉打击发电行业控排企业碳排放数据弄虚作假行为，加强碳排放报告质量监督管理，保障全国碳市场平稳健康运行，2021年10—12月，生态环境部执法局牵头组织31

个工作组开展了碳排放报告质量专项监督帮扶。2022年4月8日，碳达峰碳中和工作领导小组办公室召开电视电话会议，通报碳市场数据造假有关问题，部署严厉打击碳排放数据造假行为、推进碳市场健康有序发展工作。

强制履约方面，履约是重点排放单位基于第三方核查机构的审核结论，按主管部门要求提交不少于其上年度经确认排放量的排放配额或抵消量。碳市场的履约必须通过严格的市场监督和执法体系监管，缺乏强制履约和监管可能会威胁到市场运行的基本功能。强制履约和监管确保了碳市场所覆盖的排放量得到准确报告，有效的市场监管可以保障碳市场高效运行。

二、交易情况

全国碳市场运行以来，市场运行平稳有序，交易价格稳中有升。总体来看，全国碳市场促进企业减排温室气体和加快绿色低碳转型的作用初步显现，碳定价功能初步发挥。

1.履约型市场特征明显

全国碳市场第一个履约周期是2019—2020年，履约截止日是2021年12月31日。2021年全国碳市场启动当日，成交量达410万吨。随后，市场交易热度逐渐减弱，2021年7—10月总成交量占2021年成交总量约10%。随着10月底《关于做好全国碳排放权交易市场第一个履约周期碳排放配额清缴工作的通知》的印发，全国碳市场成交量显著提升，11月日均成交总量超100万吨，12月成交量进一步放大，日均成交量突破580万吨（2021年12月16日日成交量2048万吨，为历史最高日成交量），当月的交易量占2021年总交易量（1.79亿吨）约75%，交易量和市场活跃度在临近履约截止日达到高峰。履约截止日后，交易量迅速大幅下降。从交易价格来看，全国碳市场以50元/吨开盘并持续上涨，成交价格一度突破60元/吨，从8月中旬起交易价格小幅波动并回调至每吨41～43元。随着履约截止期限临近，12月下旬交易价格再次大幅上涨，最高成交价格达到62.29元/吨。整体来看，全国碳市场的日成交均价在每吨40～60元范围内波动，交易价格处于合理的区间，基本保持平稳。

全国碳市场第二个履约周期是2021—2022年，履约截止日是2023年12月31日。从2022年初到2023年7月底，碳市场价格比较平稳，除2022年底交易量有一定攀升外，在一年半的时间内市场交易比较平淡。随着第二个履约周期相关工作的推进，从2023年8月起，全国碳市场呈现量价齐升态势。2023年8月15日，碳市场价格首次突破70元大关，此后稳定在70元左右的水平，2023年10月12日，碳市场价格首次突破80元。2021年7月至2023年7月全国碳市场的日成交均价及成交量变化趋势见图2-4。总体来看，第二个履约周期仍呈典型的履约型市场特征，但相对第一个履约周期，交易高峰时间拉长，“尖峰”明显降低。2023年第四季度总交易量约1.52亿吨，占第二个履约周期总交易量（2.63亿吨）的58%。第二个履约周期最高日成交量为1435万吨（2023年10月18日），仅相当于第一个履约周期最高日成交量的70%。

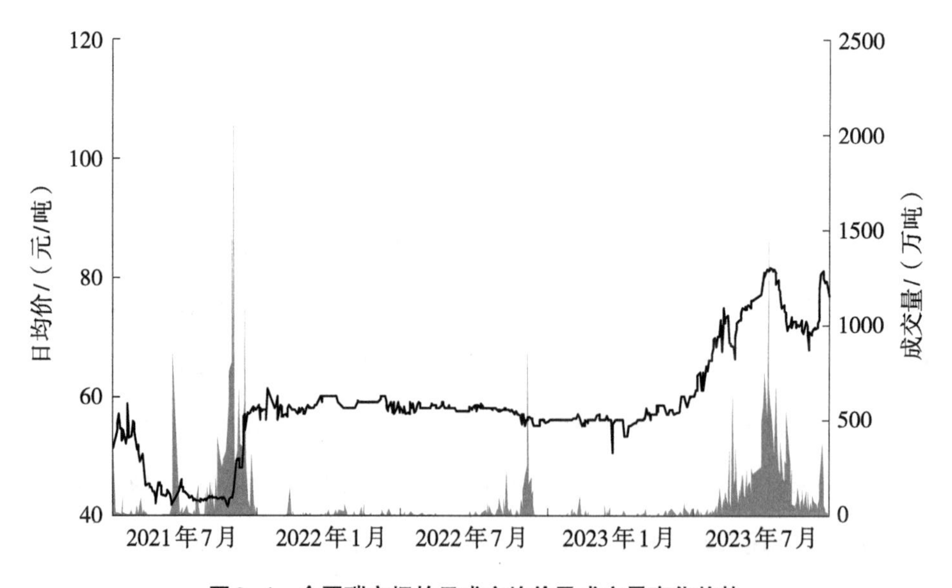

图2-4　全国碳市场的日成交均价及成交量变化趋势

资料来源：WIND数据库。

2.交易方式以大宗协议为主

碳排放权协议转让包括挂牌协议交易和大宗协议交易两种方式，其中10万吨以下以挂牌协议交易的方式成交，10万吨（含）以上以大宗协议交易的方式成交。总体来看，除个别月份外，大宗协议交易是全国碳市场的主要交易方式。第一个履约周期内，大宗协议交易量1.48亿吨，而挂牌交易量仅3077万吨。第二个履约周期内，挂牌交易量有所上升，但占比仍然较低。大宗协议交易量2.21亿吨，而挂牌交易量4150万吨。从成交金额来看，第一个履约周期的大宗协议成交金额62.1亿元，而挂牌交易成交金额14.5亿元；第二个履约周期的大宗协议成交金额143.3亿元，而挂牌交易成交金额29.6亿元，相较第一个履约周期均实现了翻番。从交易均价来看，大宗协议成交均价略低于挂牌交易，且第二个履约周期交易均价有一定幅度上升，第一个履约周期的大宗协议交易、挂牌交易均价分别为42.0元和47.1元，第二个履约周期的大宗协议交易、挂牌交易均价分别为64.8元和71.3元。全国碳市场大宗协议交易、挂牌协议交易月度交易量占比见图2-5。

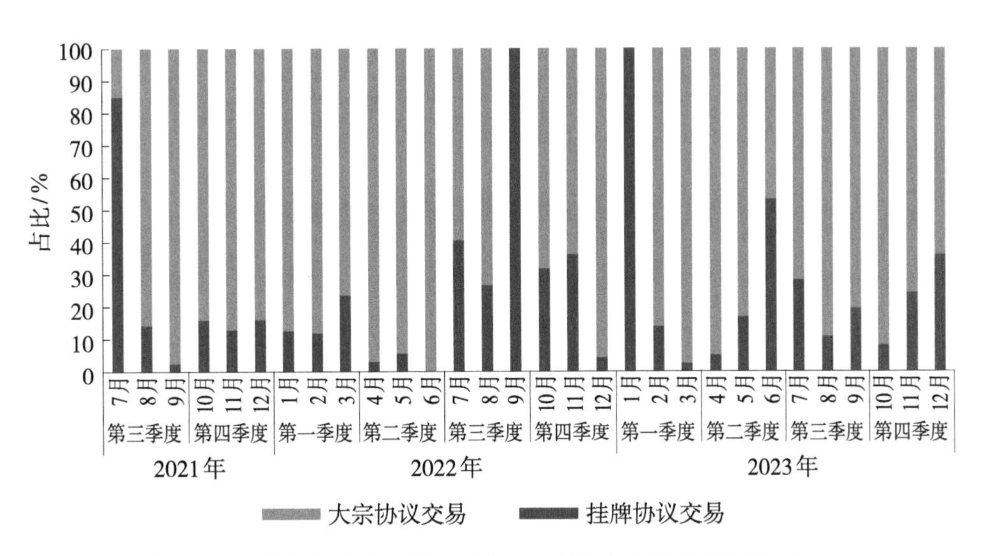

图2-5　全国碳市场大宗协议交易、挂牌协议交易月度交易量占比

资料来源：WIND数据库。

3.重点排放单位地区分布差异较大

第一个履约周期涉及2225家发电行业的重点排放单位，其地区分布如图2-6所示。可以看出，重点排放单位在不同省份间的分布存在着较大差异，这与区域电力结构和装机布局有关。重点排放单位最多的省份是山东省，重点排放单位最少的省份是海南省。山东省和江苏省的重点排放单位均超过了200家，远远高于其他省份，而海南省的重点排放单位只有7家。

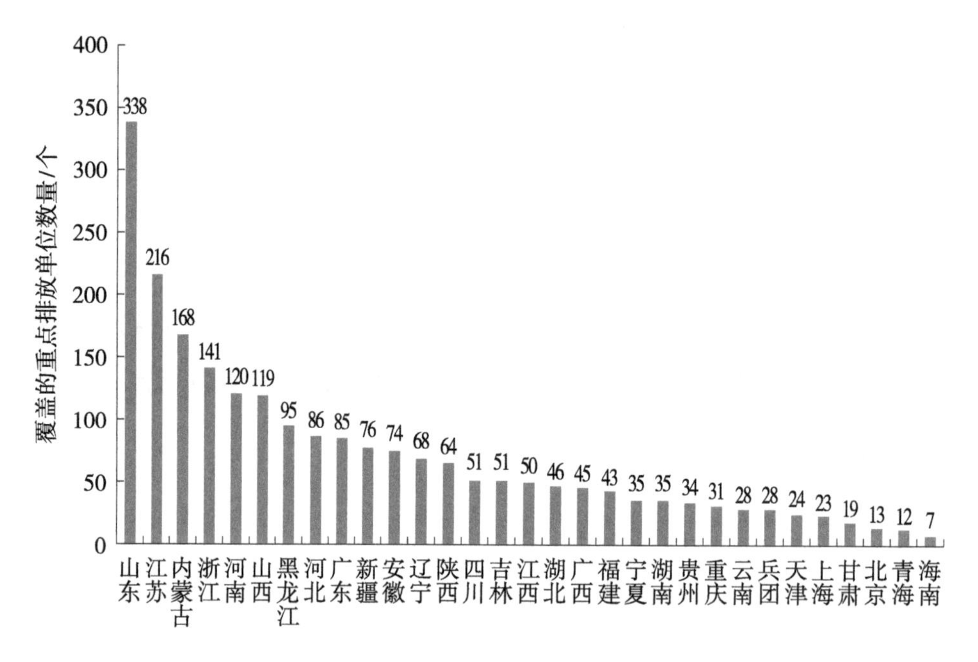

图2-6　全国各省份碳市场重点排放单位数量分布情况

资料来源：北京理工大学能源与环境政策研究中心．中国碳市场回顾与展望（2022）[R].2022.

4.市场活跃度还有较大提升空间

第一、第二个履约周期的交易量分别为1.79亿吨和2.63亿吨，全国碳市场交易换手率分别为4.0%和5.1%。而欧盟碳市场是目前全球范围内交易最活跃的碳市场，欧盟碳市场的换手率从初期的4.09%提升至当前的417%，与欧盟碳市场相比，我国碳市场尚处于发展初期，市场活跃程度还有较大提升空间。

三、履约情况

全国碳市场第一个履约周期内，截至2021年12月31日，按履约量计的履约完成率为99.5%，履约情况整体较好，但仍有0.5%核定应履约量未完成履约。海南省纳入全国首批碳市场的7家发电行业重点排放单位于2021年12月7日顺利完成第一个履约周期配额清缴，海南省由此成为全国首个实现履约率100%的省份。2022年1月1日，苏州市生态环境综合行政执法局率先对未完成排放配额清缴的公司做出处罚。根据《碳排放权交易管理办法（试行）》规定，重点排放单位未按时足额清缴碳排放配额的，由其生产经营场所所在地设区的市级以上地方生态环境主管部门责令限期改正，处二万元以上三万元以下的罚款，逾期未改正的，对欠缴部分，由重点排放单位生产经营场所所在地的省级生态环境主管部门等量核减其下一年度碳排放配额。

第二个履约周期内，按照生态环境部《关于做好2021、2022年度全国碳排放权交易配额分配相关工作的通知》的要求，各地生态环境厅（局）要确保2023年11月15日前本行政区域95%的重点排放单位完成履约。根据相关报道，截至2023年11月15日，碳市场履约率已经超过95%，第二个履约周期清缴工作接近尾声。

四、成效及影响

全国碳市场自2021年7月启动上线交易以来，综合效益不断显现。

一是落实了企业的减碳责任。利用碳市场碳排放配额分配，将碳减排目标要求直接分解到企业，使企业成为减碳的主体，压实了企业责任，树立了“排碳有成本、减碳有收益”的低碳意识。2020年电力行业单位火电发电量碳排放强度较2018年下降1.07%，全国碳市场为电力行业减排作出一定贡献。

二是降低了行业和全社会的减碳成本。通过碳排放配额交易，碳市场为企业履行减碳责任提供了更为灵活的选择，帮助行业实现了低成本的减碳。据测算，在这两个履约周期内，全国电力行业总体减排成本降低了约350亿元。

三是碳市场形成的碳价，为开展气候投融资、碳资产管理等碳定价活动锚定了基准价格参考，促进了气候投融资工具创新，为低碳、零碳、负碳技术投融资提供了基础支撑、资金支撑。以碳市场为核心的中国碳定价机制正在逐步形成，促进了全社会生产生活方式的低碳化，从而推动了绿色低碳高质量发展。

四是间接效益不容忽视。全国碳市场探索建立了符合我国实际的重点行业碳排放统计核算体系，培养了一大批碳减排、碳管理的专业人才和相关机构，为推动实现“双碳”目标打下了坚实基础。当前，全国碳市场已经成为展现我国积极应对气候变化的重要窗口。包括法国尼斯欧洲研究所研究员乔治·佐戈普鲁斯在内的多名学者表示，“全国碳市场正式启动，标志着中国在应对气候变化方面又迈出了坚实的一步，具有深远意义”。

第三节　区域碳市场建设成效

一、制度设计

2011年10月，国家发展改革委印发《关于开展碳排放权交易试点工作的通知》，批准在北京、天津、上海、重庆、湖北、广东和深圳开展碳排放权交易试点工作。2013—2014年7个试点地区相继启动了省级碳排放权交易市场。2016年，福建省也启动了省级碳市场。

区域碳市场启动以来，各地区高度重视碳交易体系建设，根据自身的产业结构、排放特征、减排目标等情况，进行碳市场顶层设计。在此基础上，组织相关部门开展各项基础工作，包括设立专门管理机构，制定地方法律法规，确定总量控制目标和覆盖范围，建立温室气体排放测量、报告和核查（MRV）制度，制定配额分配方案，建立和开发交易系统和注册登记系统，建立市场监管体系，以及进行人员培训和能力建设等。

覆盖范围方面，区域碳市场纳入行业包括钢铁、建材、建筑、交通等领域的20多个行业（见表2-2），总计纳入企业约3000个，这些企业的碳排放量约占省市排放总量的39%。

表2-2　区域碳市场的启动时间和覆盖范围

地区	启动时间	纳入行业
深圳	2013年6月	供电、供水、供气、公交、地铁、危险废物处理、污泥处理、污水处理、港口码头、平板显示、信息化学品及其他专用化学品、制造业及其他行业、宾馆、商超等服务行业及高校
北京	2013年11月	电力生产业、水泥制造业、石油化工生产业、热力生产和供应业、服务业、道路运输业
上海	2013年11月	工业、供热、电网、航空、港口、水运、自来水生产、商场、宾馆、商务办公、机场等
广东	2013年12月	水泥、钢铁、石化、造纸、民航、陶瓷（建筑、卫生）、交通（港口）、数据中心
天津	2013年12月	建材、钢铁、化工、石化、油气开采、航空、有色金属、机械设备制造、农副食品加工、电子设备制造、食品饮料、医药制造、矿山行业
湖北	2014年4月	水泥、热力生产和供应、造纸、玻璃及其他建材（不含自产熟料型水泥、陶瓷行业）、水的生产和供应行业、设备制造、纺织业、化工、汽车制造、钢铁、食品饮料、有色金属、医药、石化、陶瓷制造、其他行业

续表

地区	启动时间	纳入行业
重庆	2014年6月	水泥、钢铁、电解铝、玻璃及玻璃制品制造业、造纸与纸制品生产业、化工行业、生活垃圾焚烧行业、机械设备制造业、电子设备制造业、食品、烟草及酒、饮料和精制茶生产行业、其他有色金属冶炼和压延加工业、石油和天然气生产行业、陶瓷生产行业、其他行业
福建	2016年12月	电力、石化、化工、建材、钢铁、有色金属、造纸、航空、陶瓷

注：全国碳市场启动前，区域碳市场均将电力行业纳入。全国碳市场启动后，电力行业不再被纳入区域碳市场。

配额分配方面，区域碳市场广泛使用免费分配法，广东、湖北等还积极采用固定价出售、拍卖等有偿分配法。免费分配方法方面，各碳市场结合纳入行业特征，设计了基准线法、历史强度下降法、历史排放下降法等不同方法，对钢铁、化工等复杂行业，还按照工序进行细化并设定相应的分配方法。例如，广东对钢铁行业按工序分为炼焦、石灰烧制、球团、烧结、炼铁、炼钢（转炉）、炼钢（电炉）、钢压延与加工、外购化石燃料掺烧发电9个部分，配额为企业各生产工序配额之和。其中炼焦、石灰烧制、球团、烧结、炼铁、炼钢（转炉）、炼钢（电炉）工序采用基准法分配配额，钢压延与加工工序采用历史排放法分配配额，外购化石燃料掺烧发电采用历史强度下降法分配配额。

交易机制方面，区域市场交易方式包括协商议价、现货远期、定价转让、一级拍卖等。交易品种包括配额现货和CCER交易，北京等试点还有林业碳汇、节能项目产生的减排量等。各地区均对CCER交易量的比例和来源作出限制，例如广东碳市场规定控排企业和单位可使用CCER抵消上年度实际碳排放量的10%，来自广东的自愿减排项目需占比至少70%。北京碳市场规定重点排放单位用于抵消的经审定的碳减排总量不得高于其当年核发碳排放配额量的5%，其中京外项目产生的核证自愿减排量不得超过其当年核发配额量的2.5%。优先使用河北省、天津市等与本市签署应对气候变化、生态建设、大气污染治理等相关合作协议地区的核证自愿减排量。

遵约机制方面，对于不能按时履约或者未能履约的企业，各试点都制定了相应的惩罚措施，包括罚款、扣除配额、计入失信记录、取消优惠政策等。

机制创新方面。作为全国碳市场发展的“试验田”，各区域碳市场积极开展机制创新，并取得了显著成效。例如，广东碳市场首先探索推出了“碳普惠”自愿减排，将公众的绿色出行、绿色生活等行为转化为实实在在的收益，当前碳普惠已经成为我国应对气候变化、推动可持续发展的重要创新而走出国门。此外，各区域碳市场积极探索碳资产质押融资、碳债券、碳基金等碳金融业务，并取得积极进展（见表2-3）。

表2-3　区域碳市场的碳金融业务创新

地区	碳金融业务创新品种
深圳	碳资产质押融资、碳债券、碳配额托管、碳基金
北京	碳配额质押融资、碳配额回购融资、碳配额场外掉期交易
上海	碳资产质押融资、碳远期、碳保险、碳指数、碳基金
广州	配额抵押融资、配额回购融资、碳远期、CCER远期交易、配额托管、碳保险
天津	碳配额质押融资
湖北	碳远期、碳资产质押融资、碳债券、碳资产托管、碳保险

二、交易情况

1. 2020年以来碳市场价格稳中有升，各市场差异较大

图2-7展示了各区域碳市场历年平均价格走势。总体来看，各区域碳市

场开市之后，碳价普遍经历了回调的过程。随着碳达峰碳中和目标的提出，各区域碳市场价格总体呈增长态势，但价格差异较大。2023年，北京碳市场均价达到117元/吨，明显高于其他区域碳市场。广东、上海、深圳位于第二梯队，年均价格处于每吨60～80元区间。其余4个市场价格相对较低，均价价格总体处于每吨20～40元区间。

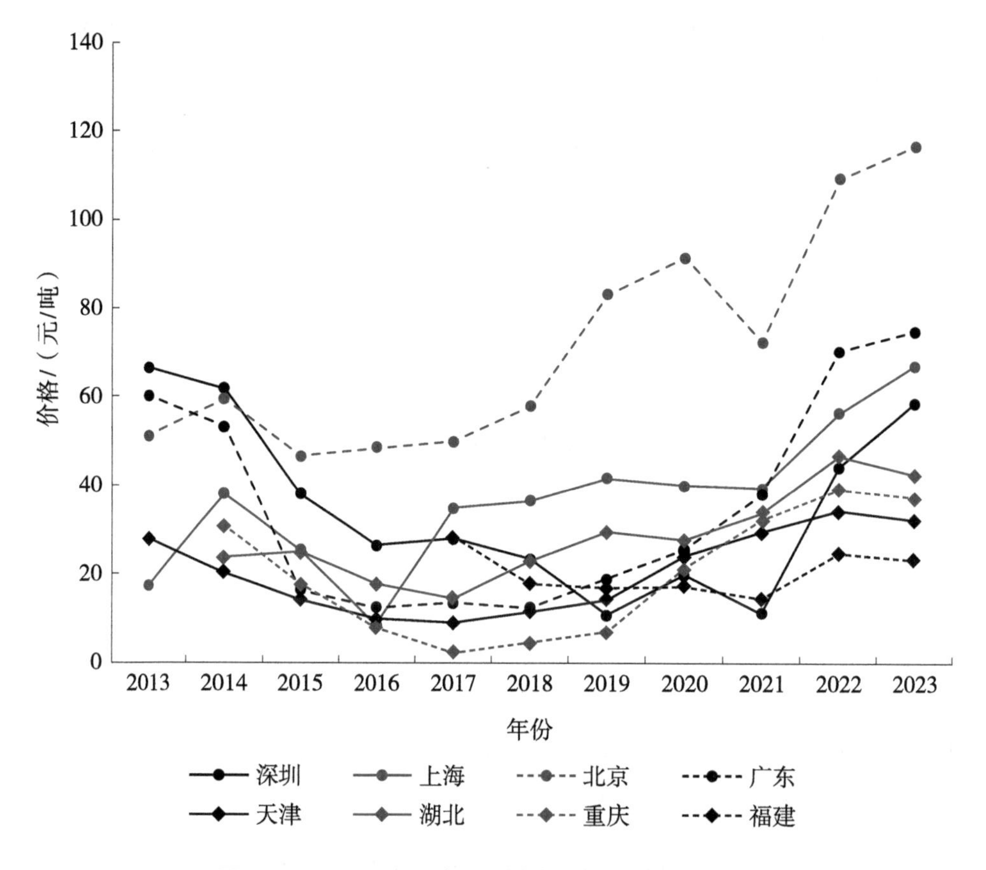

图2-7　2013—2023年区域碳市场年均价格变化情况

资料来源：WIND数据库。

从图2-8可以进一步看出，各市场差异比较明显。一方面，2023年福建碳市场交易量2620万吨，比上一年增加1854万吨，一跃成为交易量最大的碳市场；另一方面，2023年福建碳市场均价仅23元/吨，在全部区域碳市场中是最低的。广东碳市场成交量次高，达到972万吨，但相比上一年减少了489万吨。北京碳市场则是价格差异最大的碳市场，最低和最高价差接近100元/吨。重庆碳市场交易量仅19万吨，活跃度相对偏低。

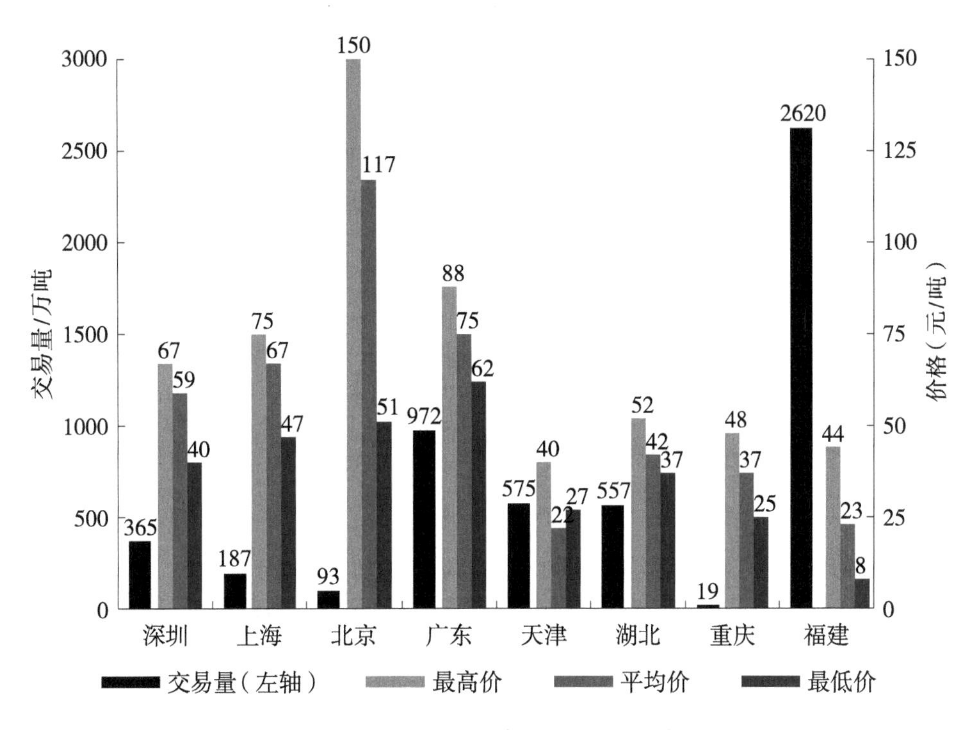

图2-8　2023年区域碳市场交易量及价格

资料来源：WIND数据库。

2.市场交易集中度、活跃度稳步上升

从交易的波动性与活跃度上看，北京碳市场的日成交均价的波动幅度最大，248个交易日中有155个交易日有线上交易。重庆碳市场的交易主要以线下为主，线上交易主要集中于年底两个月，线上成交均价波动幅度也较大；天津碳市场的线上交易则集中于上半年和12月，日成交均价波动幅度相对较小。

广东、深圳、上海、湖北、福建碳市场2023年的线上交易相对分散，其中广东碳市场年内价格呈现“先升后降”走势。上海和深圳碳市场碳价在年内基本呈波动上升走势，但深圳市场的价格波动幅度显著大于上海市场；而湖北和福建碳市场的碳价则呈现波动下行走势（见图2-9）。

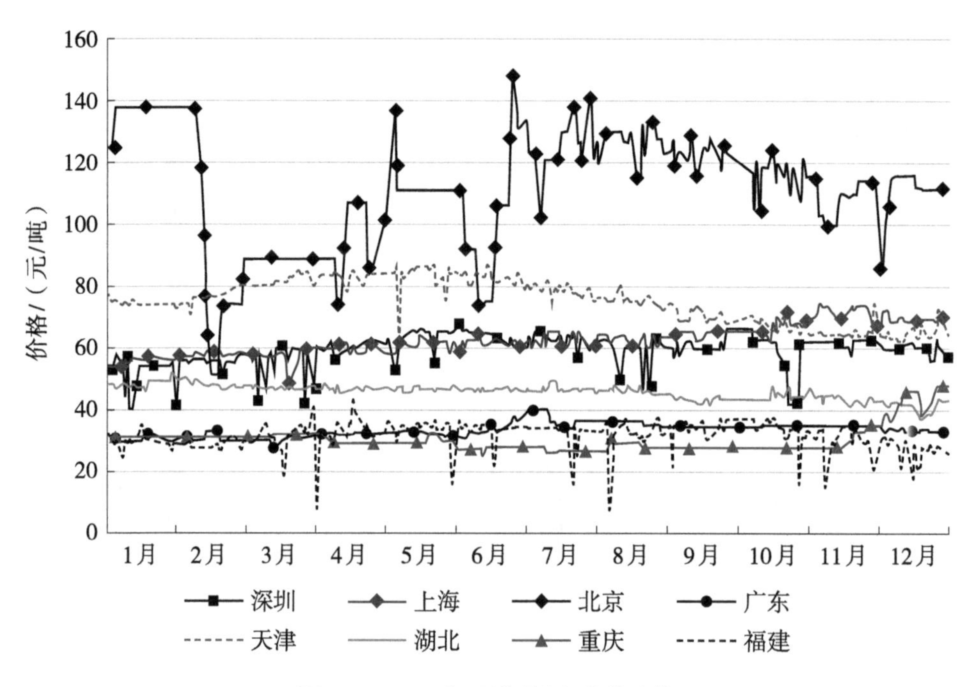

图2-9　2023年区域碳市场价格走势

3.临近履约截止日期交易量激增现象趋缓

图2-10展示了广东、北京碳市场历年月度交易情况占全年交易的比例。可以看出，临近履约截止日期前，成交量显著放大；年度履约完成后，成交量明显缩小的“潮汐现象”仍有体现。然而，经过近10年的发展，各市场的交易稳定性有了较大改观。以广东为例，2023年各月碳市场交易成交时间明显前移，上半年也出现了不小比例的成交，一方面反映了碳市场管理机构为完善制度设计所做出的努力，另一方面也反映出企业对碳交易逐步熟悉，正在积极开展碳资产管理以应对市场波动。

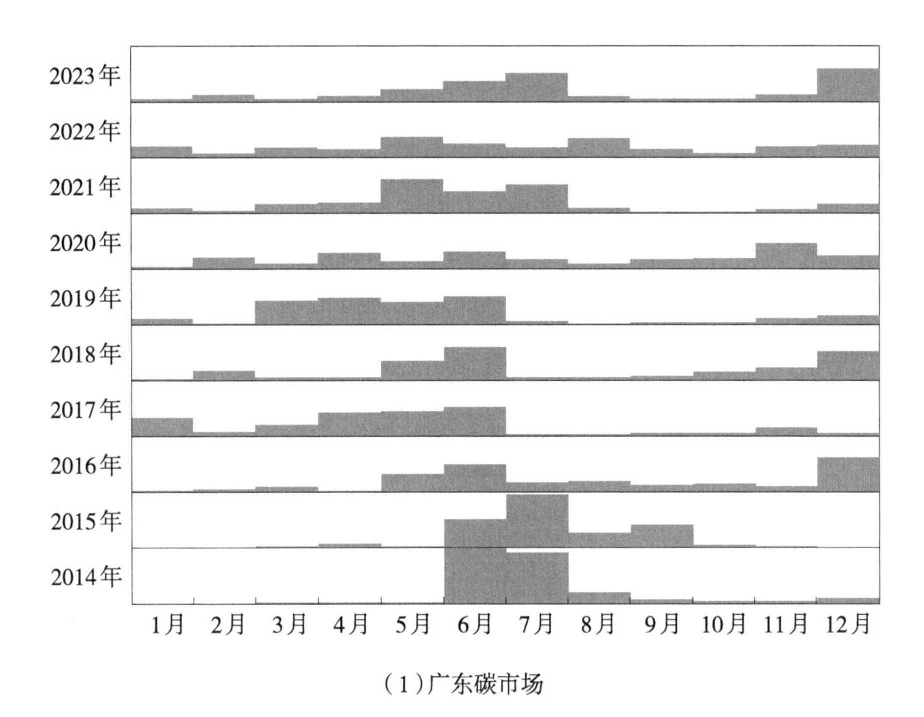

（1）广东碳市场

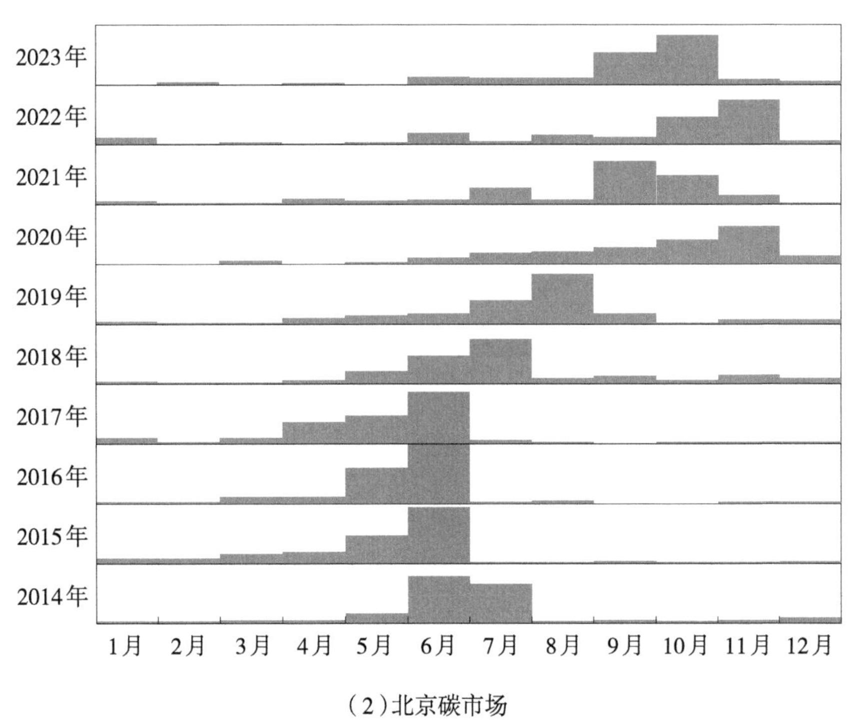

（2）北京碳市场

图2-10　典型碳市场2014—2023年各年月度成交量占当年成交量比例示意图

三、履约情况

表2-4展示了2013—2020年度7个试点碳市场的履约情况。除暂未公布履约相关数据的试点，其余各个试点碳市场，即北京、天津、广东、深圳，均在2020年度保持100%的履约率。其中，天津试点碳市场的履约率已经连续6年达到100%。

表2-4　7个试点碳市场履约情况（2013—2020年度）

单位：%

地区	2013年度	2014年度	2015年度	2016年度	2017年度	2018年度	2019年度	2020年度
北京	97	100	100	100	99	未公布	100	100
天津	96	99	100	100	100	100	100	100
上海	100	100	100	99	100	100	100	未公布
湖北	—	100	100	100	未公布	未公布	未公布	未公布
广东	99	99	100	100	100	99	100	100
深圳	99	99	100	99	99	99	100	100
重庆	—	70	未公布	未公布	未公布	未公布	未公布	未公布

资料来源：北京中创碳投科技有限公司。

总体来看，经过7～8年的运行，各试点碳市场认真评估总结履约年积累的经验和教训，并进一步完善试点相关制度设计，更加注重前期培训和履约管理，使得试点地区企业更加熟悉碳市场的履约机制、市场行情、系统操作等，试点地区企业的主动履约意识逐渐增强，试点碳市场开始走向成熟。

四、成效及影响

1.减排成效初显

区域碳市场开展以来，碳市场所在地区在淘汰落后产能和节能减排方面初显成效。以交易最为活跃的广东碳市场为例，市场覆盖范围内的六大行业均实现碳排放强度下降，与纳入碳市场当年相比，重点排放单位整体实现绝对量减排。“十三五”时期试点地区均完成了单位GDP二氧化碳排放下降的约束性目标，且与非试点区域相比，其单位GDP二氧化碳排放降低幅度普遍较大。以北京为例，“十三五”期间北京碳强度下降幅度超过23%，超额完成碳强度下降20.5%的约束性目标。

2.丰富的覆盖行业和多样分配方法为全国碳市场贡献实践经验

试点碳市场依据自身产业结构等具体情况纳入了丰富的行业类型，既包括电力、石化、钢铁等高能耗、高排放行业，也包括服务业、建筑等排放较为集中的行业，在稳定运行的过程中逐步扩大纳入范围，探索了不同行业参与碳市场的适应性，为全国碳市场未来逐步扩大覆盖范围奠定了良好基础。

与此同时，试点碳市场根据不同行业的特点采取了具有行业针对性的配额分配方法，在实践过程中不断梳理和总结经验，对分配方法进行积极创新和相应调整，形成了基于当年实际产量的行业基准法和企业历史强度下降法，对配额有偿发放也进行了有益尝试，为全国碳市场配额分配方案的建设及后期有偿发放规则的设计贡献了非常宝贵的实践经验。

3.强化社会各界低碳意识

试点工作启动后，各试点地区培育了一大批专业技术人才，不断强化各类主体的低碳意识，为全国碳市场的基础建设提供了重要支撑。以北京为例，北京为鼓励公众积极践行绿色低碳出行，基于碳市场框架下搭建了碳普惠项目，市民通过注册项目平台，以公交、地铁、自行车、步行等绿色出行方式，获得对应的碳减排量。项目组织单位将这些碳减排量集中向主管部门申报，经核定签发的减排量可在北京碳市场上出售。参与项目的市民可将项目组织单位获得收益后所分发的奖励，用于支持植树、保护水系等公益活动，也能兑换成公共交通优惠券、购物代金券等。项目启动至今，平台累计用户量达30余万人，绿色出行量累计为2100万人次。碳普惠引导公众树立绿色增长、共建共享的理念，使绿色消费、绿色出行成为人们的自觉行动，让人们在充分享受绿色发展所带来的便利和舒适的同时，实现自然、环保、节俭、健康的生活方式。

第四节　我国碳定价存在的问题和挑战

一、我国仍是世界上最大的发展中国家，探索中国特色碳定价机制任务艰巨

改革开放以来，我国经济发展取得了举世瞩目的成就，特别是党的十八大以来，经济进入高质量发展新阶段，经济总量已突破百万亿元大关。但是我国仍是世界上最大的发展中国家，着力解决好发展不平衡不充分的问题，更好满足人民日益增长的美好生活需要，促进全体人民共同富裕，是我国经济发展的重中之重。碳定价的引入将带来资源配置的调整和不同主体、不同经济活动成本收益的变化。碳定价的定位和选择，不能脱离最大发展中国家这一现实。目前国外的碳定价实践起步较早，积累了较为丰富的经验。由于发展阶段和国情实际不同，国外的碳定价模式并不一定完全适合我国。这就要求我国的碳定价需要坚持稳中求进的原则，兼顾效率和公平，避免出现不适合发展阶段的碳定价方式或碳价水平，对部分行业、区域等产生过重的成本负担，从而对经济、产业的发展带来负面影响。

二、统筹安全降碳与高质量发展的形势复杂，不同阶段、不同领域碳定价的定位作用存在差别

碳定价工具数量众多，各工具有其特点和适用范围，工具选择并不是简

单的替代关系。特别是与发达国家普遍实现碳达峰、开始迈向碳中和不同，我国一段时期内碳排放还将持续增长，除推动节能降碳外，碳定价机制设计还需要考虑打赢蓝天保卫战、保障能源电力安全、保障产业链供应链安全等多重目标。同时，我国在绿色低碳发展方面，已经积累了很多行之有效的经验做法，包括约束性节能减排目标、强制性节能环保标准、绿色财税政策等。进一步完善碳定价机制，既需要考虑不同碳定价工具之间的衔接，不同领域碳定价工具的适用性问题，还要考虑与已有相关机制的衔接，防止出现政策"叠床架屋"现象，加重实体经济负担。

三、区域、行业、企业等发展差异较大，实施碳定价的宏观性、结构性影响不容忽视

伴随国际经济、能源版图出现深刻调整，逆全球化思潮上升，大国博弈、单边主义、地缘政治矛盾等趋于长期化，中长期能源发展不稳定性明显增强。欧洲能源危机的教训表明，实施碳定价需要从宏观角度研判综合影响，防止碳价、能源价格等大幅波动，对宏观经济增长、价格稳定等带来负面冲击。同时，从国内看，我国发达地区与落后地区发展水平、碳产出率等差距较大，大型先进产能与中小规模产能大量并存，欠发达农村地区中低收入群体比重高，在实施碳定价过程中，也要关注对落后地区、中小企业、中低收入群体的结构性影响，防止出现"碳泄漏"、过早过快"去工业化"以及影响居民正常生产生活用能等问题。

四、碳定价与相关制度体系和体制机制的衔接协调亟须加强

我国坚持全面深化改革，正在持续构建高水平的社会主义市场经济体制。党的十八大以来，各领域改革都在深入推进，特别是能源资源、生态环境领域的改革取得显著进展。而随着改革进入深水区，有的体制机制障碍错综复杂、新旧交织、盘根错节、缠绕叠加，需要啃的硬骨头越来越多。碳定价问

题涉及多领域、多区域、多环节，也面临着错综复杂的形势挑战。相关领域的改革都在推进，政策机制陆续出台，这就要求碳定价工具的选择和改革措施的制定，必须要基于我国的基本国情、政策背景和市场环境，在中国特色社会主义市场经济体制的框架下，体现出系统性、整体性、协同性，必须要与相关体制机制改革相互照应、衔接协调，不能顾此失彼。

五、国际竞合格局持续演进，需要更好统筹跨国碳定价机制建设与提升我国绿色竞争力

作为全球最大的制造中心和碳排放国，当前不断出现的跨国碳定价倡议可能对我国带来更高的碳价成本负担。与此同时，全球性碳交易机制有助于我国高质量的新能源与减排项目在国际市场上获取额外收益。国际方面，主要国家进入“碳中和”赛道，外部压力是提升国内低碳创新核心竞争力的有力武器。国内方面，碳排放核算方式不完善、碳定价机制不健全、经济社会成本评估不到位、过渡与补偿政策设计不足等基础制度问题，既制约了我国深度参与全球碳减排新型商业模式，也使我国易陷入全球绿色分工的被动地位。我国迫切需要用好跨国碳定价的倒逼作用，提升经济绿色竞争力。

六、碳排放法规标准、统计核算、人才储备等基础薄弱，影响碳定价作用有效发挥

当前，我国碳定价相关法规标准尚不健全，碳排放统计核算体系仍处在起步建设阶段，深入实施碳定价的基础制度体系有待完善。全国及区域碳市场运行、监管体系仍处在探索阶段，重点碳排放单位、第三方机构的碳排放数据造假等问题时有发生，影响了碳市场的有效性和公信力。碳排放信息披露制度尚不完善，配额总量、分配方法等公开不够及时，不利于稳定经营主体预期。经营主体自主节能降碳的意识仍然薄弱，碳定价相关的专业人才队伍建设有待强化。

第三章
碳达峰碳中和下构建中国特色碳定价机制

第一节　碳定价对促进我国实现碳达峰碳中和的重要意义

碳定价有利于发挥价格信号作用，促进碳排放资源优化配置。碳达峰碳中和是经济社会的全面系统变革，传统能源系统、生产方式、消费模式等面临重构压力和转型成本。碳定价有利于优化碳排放资源配置，能以较低成本实现碳达峰碳中和目标。与发达国家相比，我国实现碳达峰碳中和目标的时间更紧、困难更多，统筹发展、减排和安全等面临的挑战前所未有。近年来国内出现“碳冲锋”“口号式减碳”等现象也表明，实现碳达峰碳中和更需要在微观经济运行层面，发挥价格信号对生产消费行为的引导作用。加快建立完善碳定价机制，能够通过市场化手段引导碳排放权配置到碳产出率较高的领域，实现经济发展与节能降碳的有效平衡，降低转型过程中的成本代价，实现碳达峰碳中和目标。

碳定价有利于培育绿色要素，健全资源环境要素市场化配置体系。生产要素的形态随着经济发展不断变迁，在应对气候变化背景下，绿色要素作为一种新的要素形态，对各个国家、各行各业要素供给条件和绿色发展产生重大影响。党的二十大报告明确提出要健全资源环境要素市场化配置体系。碳定价能激发绿色要素这一新的要素形态的作用，一方面，能够应对资源环境约束趋紧对经济高质量发展的掣肘，有效降低碳排放；另一方面，也能够通过发展绿色低碳产业，加快研发和推广应用节能降碳先进技术，推动形成绿色低碳的生产方式和生活方式，激发新的生产力，发挥绿色要素这一新型要素对其他要素效率的倍增作用，以新型要素融合传统各项要素，培育催生绿色低碳增长新动能、新模式，协同推进降碳、减污、扩绿与经济增长。

碳定价有利于稳定低碳转型预期，合理引导绿色低碳投资与创新。实现碳达峰碳中和不是一蹴而就，转型过程中受经济周期波动、技术进步速度、社会接受程度、地缘政治变化等因素影响，有可能出现反复甚至一段时间的倒退。同时，不同转型路径对全社会累计排放、累计投资需求等影响巨大，探索优化转型路径是各国政府、企业等面临的共同挑战。研究表明，未来30年我国需要的绿色低碳投资需求可能达186万亿～487万亿元。加快建立完善碳定价机制，不仅有利于促进当期节能降碳，还有利于引导经营主体优化跨期决策，激励低碳零碳领域技术创新和投资增长，增加低碳零碳基础设施和产品服务供给，引导全社会投资、研发、消费等行为持续转变。

碳定价有利于建设高标准市场体系，提升国家能源气候治理效能。当前，我国社会主义市场经济体制不断完善，但在市场基础制度包括产权制度、要素市场等方面仍存在短板，特别是在能源、环境和气候要素等方面改革相对滞后。同时，许多地方政府在环境气候等外部性问题治理方面手段单一，“一刀切”“运动式”“命令式”做法较多，甚至存在“不计成本代价”的现象，造成大量的系统性浪费和全社会财富损失。随着绿色低碳成为高质量发展的内在要求，加快建立健全碳定价机制，既是建设全国统一大市场的内在要求，也有利于转变片面依靠行政治理手段，更多发挥市场化和法治化作用，有利于为绿色低碳发展形成稳定的资金投入渠道，全面提升能源、气候等复杂问题的综合治理效能。

碳定价有利于促进区域国际合作，引领全球气候治理机制创新。碳定价是全球气候贸易治理中的焦点问题之一，较长时期都将呈现竞争和合作并存的发展态势。我国作为全球碳排放大国和低碳零碳技术生产大国，积极参与国际碳定价相关合作，既有利于降低国内降碳成本，提升绿色竞争力，又能够促进低碳零碳技术出口。同时，从全球范围看，碳定价机制普遍处于起步发展阶段，因其具体工具众多，完善碳定价不仅需要结合各国国情进行探索创新，还需要全方面加强国际磋商，这将有利于引领国际绿色规则的制定。作为发展中国家，我国加快建立完善碳定价机制，积极探索高质量发展与碳达峰碳中和的共赢路径，能够为其他发展中国家提供有利借鉴，提升我国参与和引领全球治理的话语权和影响力。

第二节　中国特色碳定价机制的内涵特征

碳定价是推动市场化减排的重要手段，从理论和实践来看，各国碳定价机制设计、覆盖范围、政策力度等并不完全相同。同时，不同碳定价工具各有特点和适用对象，也不是简单的孰优孰劣问题。作为最大的发展中国家和世界第一排放大国，我国面临的碳达峰碳中和压力挑战前所未有，必须探索构建中国特色的碳定价机制。归纳起来，要围绕一个核心目标，体现四个方面特色（见图3–1）。

一个核心目标：确保实现高质量碳达峰碳中和目标。把碳定价的一般理论与我国国情实际相结合，通过发挥有为政府和有效市场作用，引导碳排放要素有效配置，在支撑全面建成社会主义现代化强国目标实现的同时，以较小的转型成本代价实现碳达峰碳中和目标。

四个方面特色如下：

一是科学合理灵活应用碳定价工具。充分识别碳市场、碳税、正向碳定价、负向碳定价等各类碳定价工具的特点和定位，因时因势灵活利用碳定价工具，努力实现最大的政策效能。完善碳市场、碳税等显性碳定价工具，发挥碳市场在推动重点行业领域节能降碳中的主体作用。健全约束性目标、绿色财税、法规标准等正向碳定价工具和负向碳定价工具，有效发挥我国制度优势。

二是注重政策协调和机制创新。注重碳定价与资源环境重点领域相关财税、金融、价格、市场等政策的协调，努力发挥政策的综合效应、系统效应、协同效应。特别是针对能源电力市场化改革加快推进的形势，不断调整优化碳定价工具的作用角度、作用范围、作用力度，实现政策整体设计、协调推进。

三是协同发挥经济社会综合影响。通过实施碳定价，不仅发挥碳定价对协同推进减污降碳、推动经济高质量发展、提升技术创新能力、促进人口就业等方面的直接作用，同时发挥碳价信号的间接作用，把碳定价作为新建项目节能审查和碳评价的重要参考，作为评估低碳、零碳、负碳技术成本有效性的重要依据，作为绿色金融、转型金融、生态产品价值实现的重要补充。

四是积极参与引领国际合作。碳定价事关国际气候贸易治理，要积极发挥我国在相关领域的引领贡献作用。在双循环格局下，要充分吸收借鉴国际碳定价发展的经验教训，在国际局势动荡情况下保持绿色低碳转型战略定力，以节能降碳实际成效体现大国责任和领导力。坚持联合国主渠道地位，以共同但有区别的责任原则为基石，以国际法为基础，在公平、合理前提下稳步推动国家碳定价合作。

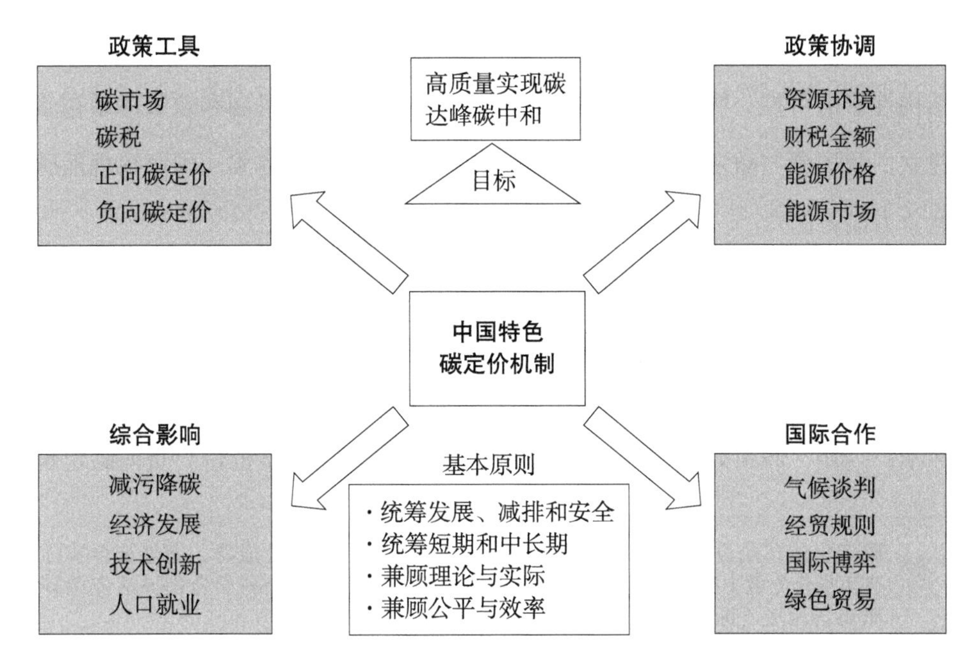

图3-1　中国特色碳定价机制的内涵特征

第三节　中国特色碳定价机制的发展目标和路线图

我国分阶段碳定价发展目标见图3-2。近中期（2035年以前），碳定价的顶层设计逐步完善，逐渐将碳市场作为最主要的碳定价工具，为如期实现碳排放达峰目标提供有力保障。碳市场制度不断健全，稳步纳入钢铁、水泥、有色金属等重点行业，碳排放配额分配方法不断科学化，交易主体和交易模式不断丰富，碳排放统计核算基础能力大幅提升。正向碳定价工具不断完善，对挖掘低成本节能降碳潜力、激励零碳负碳技术研发创新等重要作用不断凸显。负向碳定价工具大幅优化，支持能源安全和产业链供应链稳定能力大幅提升，无效低效工具加快退出。碳定价与资源环境领域改革衔接不断加强，政策之间的重叠、冗余和冲突等问题得到明显缓解。碳市场与电力市场协调发展实现重大突破，碳价到电价的传导机制不断健全。碳定价对经济社会的结构性影响可控，协同推进区域、行业低碳转型的体制机制和政策体系初步建立。我国参与碳定价等全球气候贸易治理的能力不断夯实，国家绿色低碳竞争力显著提升。

中远期（2035—2060年），碳定价顶层设计成熟，能够结合实际情况和工具特征科学合理灵活应用碳定价工具。碳市场、碳税等显性碳定价工具成为全社会快速降碳的关键工具。正向碳定价工具更加聚焦于引领零碳技术创新和推广应用，政策效能持续提升，隐性碳定价显性化逐步推进。负向碳定价

	近中期（2035年以前）	中远期（2035—2060年）
政策工具	·碳定价的顶层设计逐步完善，逐渐将碳市场作为最主要的碳定价工具 ·碳市场制度不断健全，覆盖范围稳步扩大，交易主体和交易模式不断丰富 ·正向碳定价工具对挖掘低成本节能降碳潜力、激励零碳负碳技术研发创新作用不断凸显 ·负向碳定价工具支持能源安全和产业链供应链稳定能力大幅提升，无效低效政策加快退出	·碳定价顶层设计成熟，能够结合实际情况和工具特征科学合理灵活应用碳定价工具 ·碳市场、碳税等显性碳定价工具成为全社会快速降碳的关键工具 ·正向碳定价工具更加聚焦于引领零碳技术创新和推广应用，政策效能持续提升，隐性碳定价显性化逐步推进 ·负向碳定价工具更加聚焦于处理应急性安全事件，政策出台将更加精准、及时、有效
政策协调	·碳定价与资源环境领域改革衔接不断加强，政策之间的重叠、冗余和冲突等问题得到明显缓解 ·碳市场与电力市场协调发展实现重大突破，碳价到电价的传导机制不断健全	·碳市场与能源市场耦合更加紧密，共同成为全国统一大市场的重要组成部分 ·碳定价与资源环境领域政策衔接紧密，成为宏观调控政策的重要组成部分
综合影响	·碳定价对经济社会的结构性影响可控 ·协同推进区域、行业低碳转型的体制机制和政策体系初步建立	·碳定价对经济社会的影响总体可控，碳定价影响的风险预警和防控机制不断成熟 ·区域行业协同转型的体制机制和征策不断优化
国际合作	·我国参与碳定价等全球气候贸易治理的能力不断夯实 ·国家绿色低碳竞争力显著提升	·碳定价成为我国对外展示绿色低碳竞争力的重要领域，为我国持续深入参与、贡献、引领全球气候变化作出突出贡献

图3-2　我国分阶段碳定价发展目标

工具更加聚焦于处理“黑天鹅”等应急性安全事件，政策出台更加精准、及时、有效。碳市场与能源市场耦合更加紧密，共同成为全国统一大市场的重要组成部分。碳定价与资源环境领域政策衔接紧密，成为宏观调控政策的重要组成部分。碳定价对经济社会的影响总体可控，碳定价影响的风险预警和防控机制不断成熟，区域行业协同转型的体制机制和政策不断优化。碳定价成为我国对外展示绿色低碳竞争力的重要领域，为我国持续深入参与、引领全球气候变化作出突出贡献。

第四节 构建中国特色碳定价机制需处理好的关系

构建中国特色碳定价机制，要在锚定全面现代化和碳达峰碳中和目标基础上，综合考虑发展和减排、整体和局部、短期和中长期、国内和国际等因素，不断提升相关工作的系统性、整体性、协同性。针对当前面临的突出问题和挑战，需要处理好以下四对关系。

一是处理好发展、减排和安全的关系。充分认识百年未有之大变局背景下实现“双碳”目标的艰巨性、复杂性，针对不同阶段国内外形势和“双碳”目标任务，科学确定碳定价机制定位，引导价格水平保持在合理区间，确保实现高质量发展、低成本减排和安全降碳多重目标。

二是处理好短期和中长期的关系。碳定价涉及经济社会和能源系统的方方面面，需要从全局出发，坚持先易后难系统推进。结合我国国情，在推进碳排放外部成本内部化过程中，首先要加快取消不合理低效碳补贴，防止对化石能源消费的不合理刺激。在强化碳定价实施力度时，要综合考虑与其他政策机制的协同问题，确保发挥政策合力。在推进碳定价工具和金融工具衔接时，要以促进低成本节能降碳和安全稳妥降碳为主要评价标准，防范出现泡沫化。

三是处理好理论创新和实践创新的关系。我国碳定价机制不能照搬国外，必须结合国情持续开展探索创新。理论方面，需要系统总结我国在节能降碳方面的成功经验，分析我国在基本国情、约束条件、比较优势、发展目标等方面的特点，将碳定价与我国体制优势等结合起来。实践方面，利用全国碳市场和区域碳市场并行的有利条件，在有条件的地区大胆开展先试先行和实践创新。

四是处理好效率和公平的关系。科学研判碳定价因素在企业之间、产业链上下游之间、国内国际之间成本传导情况，确保价格信号高效发挥作用。综合运用市场定价、社会成本定价、资源类定价等不同方法，合理调控碳定价水平，确保全社会碳排放成本可承受。加大对欠发达地区、关键产业链、低收入群体等支持力度，确保公平公正转型。

第四章
结合领域特征有效发挥各类碳定价工具作用

碳定价工具类型多样，既包括碳市场、碳税等显性碳定价工具，也包括财政补贴、税收减免乃至法规标准等隐性碳定价工具。如何充分发挥各项政策工具的作用助力实现碳达峰碳中和目标，是一项重要的命题。基于工具选择理论，本书建立了综合比较分析框架，对显性碳定价、隐性碳定价两类碳定价工具进行综合对比，并在此基础上提出分阶段完善碳定价工具的主要任务。

第一节　重点领域碳定价工具应用现状

一直以来，我国综合采用产业结构调整、能源效率提升、能源结构优化、环境污染治理政策以及各类区域性、行业性政策工具（见表4-1），共同实现碳排放强度大幅下降。例如，与2005年相比，2020年我国单位生产总值二氧化碳排放量下降了49.6%，而单位生产总值能源消费量下降了42.4%，节能对碳排放强度下降的贡献率占80%以上。为推动节能工作，“十一五”以来中央和地方出台了大量政策，例如对单位节能量进行补贴，中央财政奖励标准为

240元/吨标准煤，省级财政奖励标准不低于60元/吨标准煤。有条件的地方可视情况适当提高奖励标准，例如北京市财政奖励标准为260元/吨标准煤。

表4–1　我国各类碳定价工具应用情况

分类			能源	工业	建筑	交通
显性碳定价	碳市场	强制性碳市场	仅电力	碳交易试点	碳交易试点	碳交易试点
		自愿性碳市场	√	√	√	√
	碳税					
隐性碳定价	正向碳定价	清洁能源财政补贴、税收减免、金融支持	√		√	
		节能提效财政补贴、税收减免、金融支持	√	√	√	√
		化石能源税				√
		产品节能标准	√	√	√	√
		目标责任考核	√	√	√	√
		产业结构调整	√	√	√	√
		环境污染治理	√	√	√	√
		循环经济	√	√	√	√
	负向碳定价	化石能源补贴、税费减免、金融支持等	仅部分环节			

注：“√”表示碳定价工具在该领域普遍应用。空白表示碳定价工具在该领域尚未应用。对于碳定价工具在部分行业、部分区域应用，则直接在表格内标出。

尽管我国各类碳定价工具应用十分普遍，但也存在突出的问题。

一是碳市场尚处初期阶段，市场影响力较弱。尽管全国碳市场已经上线运行，但目前碳市场仍存在纳入行业单一、交易活跃度较低的突出短板。我国是第一排放大国，仅电力碳市场的排放覆盖量就超过40亿吨二氧化碳，而欧盟碳市场的排放覆盖量不到20亿吨。但是我国碳价目前每吨仅为40～60元，不及欧盟碳价的1/10，无论从价格还是交易活跃度看，我国碳市场的影响力都明显不足。

二是隐性碳定价边界模糊，减排效果难以衡量。隐性碳定价与财政政策、税收政策、价格政策、金融政策的边界不够清晰，许多政策的实施（例如结构调整政策）会带来协同碳减排效果，但这些碳减排效果难以准确衡量和区分。欧盟在碳边境调节机制议案中明确提出不承认隐性碳定价机制，一方面考虑到产业竞争力等方面的因素，另一方面也出于隐性碳定价机制存在不清晰、不可比等因素。

三是碳定价的顶层制度框架尚未建立，碳定价工具之间衔接不畅。尽管我国已经实施了碳市场、隐性碳定价等政策工具，但是到目前为止对这些工具的适用性尚未清晰界定，多种工具统筹协调的碳定价顶层制度框架尚未建立。特别是一些碳定价工具之间衔接不畅，甚至存在政策冗余或者政策缺位等现象。例如，我国在对提高能效、支持清洁能源发展进行补贴的同时，还有一部分低效化石能源消费补贴政策（如成品油生产企业自产自用油免征消费税政策），这些政策并未对保证能源安全作出重要贡献，反而可能刺激成品油生产企业消费油品。

第二节　碳定价工具综合比较分析

一、碳定价工具的优缺点

表4-2比较了不同类型碳定价工具的优缺点。可以发现，碳市场、碳税、正向碳定价、负向碳定价四种政策工具在减排效果、交易成本、公共资金收

入等方面存在较大的差异，这也表明不同碳定价工具有不同的适用范围。一般认为碳市场适用于单体排放量大、减排目标要求较高的行业，如电力、热力、钢铁、水泥等，这些行业纳入碳市场后的减排效果较好，公共资金投入较低，相当于利用较低的公共资金撬动了较好的减排效果，大型企业虽然在碳排放数据核查方面支付了一定费用，但与其可能获得的碳市场收益相比，这些费用又是微不足道的。碳税主要适用于单体排放量较小的行业，借助既有的征税系统不仅有效降低了交易成本，同时对经营主体普遍征税也体现了公平性。当然在实际操作中，纳入碳市场的行业一般不再重复征税，或者将对其进行税收减免。

表4-2　各类碳定价工具的优缺点分析

比较指标		碳市场	碳税	正向碳定价	负向碳定价
减排效果	排放总量	较确定	不确定	不确定	增加排放
	碳价	不确定	较确定	较确定	较确定，负向
	技术创新	不确定，取决于政策	有利	有利，但需一定条件	不利
交易成本	碳排放数据核查	较高	较低	不确定，取决于流程繁琐度	不确定，取决于流程繁琐度
	公共资金投入	较低	较低	较高	较高
公共资金收入	受约束比例	较低	较高	无公共资金收入	无公共资金收入
	使用方向	侧重提高减排效率	侧重促进公平	无公共资金收入	无公共资金收入

相较而言，正向碳定价工具的存在，大多是出于对先进技术支持和补贴等目的，碳减排等效果只是其附加效益，因此其减排效果往往是不确定的。负向碳定价工具虽然不利于碳减排，但在一定条件下对提升能源系统的安全

性、稳定性有重要作用，例如2021年以来我国在央行碳减排支持工具中明确支持先进煤电建设，对于缓解我国电力短缺问题有重要的贡献。

综合来看，各类碳定价工具之间并不是简单的替代关系，它们有着不同的角度和适用范围，在更大范围内是相互包容性的。未来碳定价工具的选择，肯定不是“有你没我”的单工具竞争，而是在包容性框架下的多工具共用，碳市场、碳税等显性碳定价工具重点聚焦于碳排放效果的实现，而正向碳定价工具需要以促进技术创新等为主攻点，不断针对形势变化调整政策的适用范围，优化政策执行效率，同时也要注意在恰当时机退出以降低公共资金的支出负担。负向碳定价工具更需要强调精准化，特别是在保证能源安全等方面作出积极的贡献，但是能源安全往往是在一段时期内形势比较严峻，负向碳定价工具应快速介入、快速退出，对于无效、低效的负向碳定价工具则应立即取消。

二、近中期重点领域应用碳定价工具分析

碳定价政策工具多样且执行效果差异巨大，特别针对我国不同领域、不同阶段节能降碳和高质量发展要求，本书课题组围绕碳定价工具的“适用性”建立了综合比较分析框架，从减排目标有效性、政策效能、社会可接受性、政策协调配合、政策可操作性、国际影响等方面，对碳市场、碳税、隐性碳价等不同碳定价工具进行综合比较分析，分析框架见表4-3。

表4-3　碳定价工具综合比较分析框架

比较标准	具体内容
减排目标有效性	政策实施对实现该阶段碳达峰碳中和目标的作用和效果
政策效能	政策实施的综合效益（包括碳减排效果、市场意识与基础能力等方面）及付出代价的关系（包括减排资金成本、政策实施成本、时间成本等），政策的传导效应，以及是否促进了资源的优化配置和技术进步

续表

比较标准	具体内容
社会可接受性	政策实施是否兼顾了公平与效率，包括行业、区域间的公平性，对居民（特别是低收入居民）的影响，金融影响等
政策协调配合	政策实施是否与宏观经济政策取向一致，与重大改革相适应（例如电力改革），与资源环境领域相关政策相衔接
政策可操作性	评估政策实施的操作难度，包括社会各界的理解认识水平和数据、人员、科技、财力支持条件等
国际影响	对全球应对气候变化的贡献，对全球产业链、贸易链的影响，以及相关风险、不确定性等

1.减排目标有效性分析

从现在到2035年，我国处于碳排放逐渐达峰和碳达峰后稳中有降的阶段，必须要对一些行业的碳排放进行明确的约束，方能确保碳排放实现达峰。综合考虑能源、工业、建筑、交通各领域相关行业的排放变化趋势，对钢铁、水泥等部分行业采用碳市场工具是合适且必要的。

2.政策效能分析

现有碳市场实践表明，碳市场不仅减排效益良好，并且在培育市场意识、强化基础能力等方面的综合效益突出。与此同时，将部分重点行业纳入碳市场并不会显著增加公共资金投入，纳入碳市场行业虽然会支付一定的碳核查成本，但与其收益相比又极其微小。因此将钢铁、水泥等纳入碳市场是高效的。

正向碳定价工具的政策效能应主要体现在促进技术进步和带动没有纳入碳市场行业的持续降碳上，因此需要结合形势发展不断更新。例如，适时更新重点行业产品的能效标准，对达到标准的行业企业予以奖励，对未达到标准但积极进行改造的企业进行补贴，对改造后仍难以达到标准的企业或不进行改造的企业通过结构调整、环境标准等产业政策、环境政策予以关停等。

负向碳定价工具的政策效能主要体现在维护能源安全和产业链供应链安全等方面。近期应坚持对先进高效煤电的补贴力度，积极利用央行碳减排支持工具等政策，努力提升能源系统的安全性水平。同时针对产业链供应链安全受到严峻挑战的新形势，应及时研究出台（或沿用）精准的负向碳定价工具（如高耗能产品出口退税）。需要注意的是，我国历史上有很多低效的负向碳定价工具，且这些工具的应用领域往往比较窄，政策效果有限（甚至是无效的），应在及时评估的基础上迅速取消。

3.社会可接受性分析

赵宏兴等人（2022）研究表明，目前我国碳市场对电力行业的配额分配总体上是盈余的，但是呈现了机组类型、地区间不平衡的特征。其中60万千瓦级超临界机组的配额富余程度远低于100万千瓦级超超临界机组和30万千瓦级亚临界机组（见图4-1），这也从公平的角度反映了碳市场政策仍有完善的

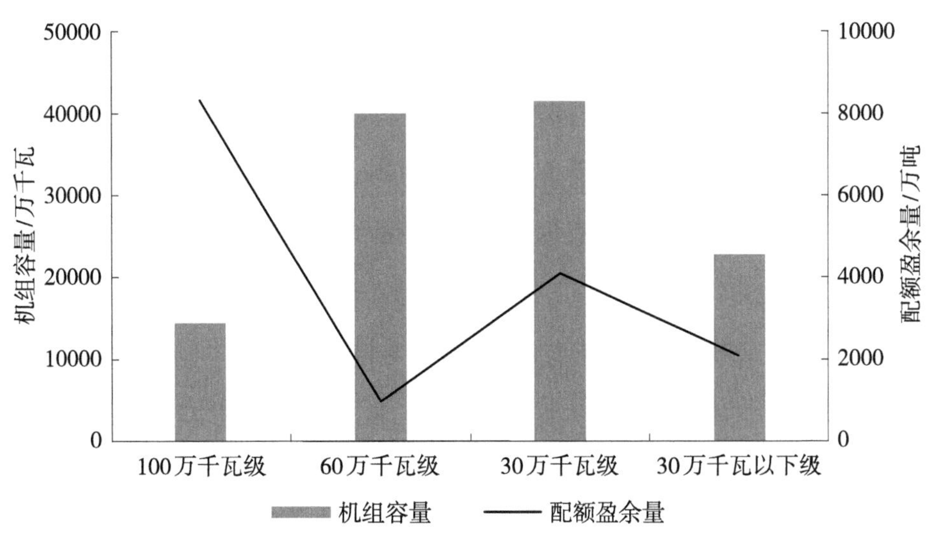

图4-1 我国分等级煤电机组容量和配额盈余量

资料来源：根据赵宏兴等人（2022）研究和全国电力统计资料汇编（2021）相关数据整理。

空间。未来电力市场中，60万千瓦级、100万千瓦级机组主要用于基础负荷，30万千瓦级及以下级机组主要用于调峰负荷。并且随着灵活性改造的推进，机组的度电碳排放水平将有所提升。应结合不同级别机组的发展定位，进一步调整不同级别机组的碳配额基准线，适度提高60万千瓦级机组的基准线，适度降低30万千瓦以下级机组的基准线。

除了电力行业以外，惠婧璇等人研究表明，我国电解铝、钢铁、玻璃行业的各种技术水平在各省分布比较均匀，因此可以为其设置一条统一的基准线，无须设置更多的基准线。但是本书课题组认为，考虑到这些行业在不同地区的集聚程度不同、对区域经济的贡献不同，仍需设计公平转型政策，避免高碳资产聚集的地区受到更大的冲击。另外，隐性碳定价工具可以聚焦于维护能源安全和产业链供应链安全，设计相应的隐性碳定价工具也有助于维护行业、地区的公平。

4.政策协调配合分析

扩大碳市场行业覆盖范围，需考虑与宏观经济形势的适应性。特别是从短期来看，宏观经济和各行业均承受一定的压力，在当前时点扩大碳市场行业范围将受到较大挑战。随着宏观经济的企稳向好，可以在充分评估扩大行业范围对宏观经济和行业承受力造成影响的基础上，适时进行扩容。从绿色溢价也能发现，目前钢铁、有色金属等行业的绿色溢价水平很低（即现有技术距离零排放技术的差距较小），将其率先纳入碳市场有利于控制行业碳排放量的同时也不会对其成本造成太大的影响。建材行业虽然即将进入达峰阶段，但是距离零碳排放技术仍有很长的路要走，将其纳入碳市场虽然难度不大，但仍需加快利用隐性碳定价工具以促进其零碳技术的研发与示范。另外，在纳入如此之多的行业之后，行业之间配额的平衡性也是需要重点考虑的问题，可以效仿欧盟的做法，通过设置行业调整系数以促进行业的配额量与其减排潜力相统一。不同行业碳排放占比和绿色溢价见图4-2。

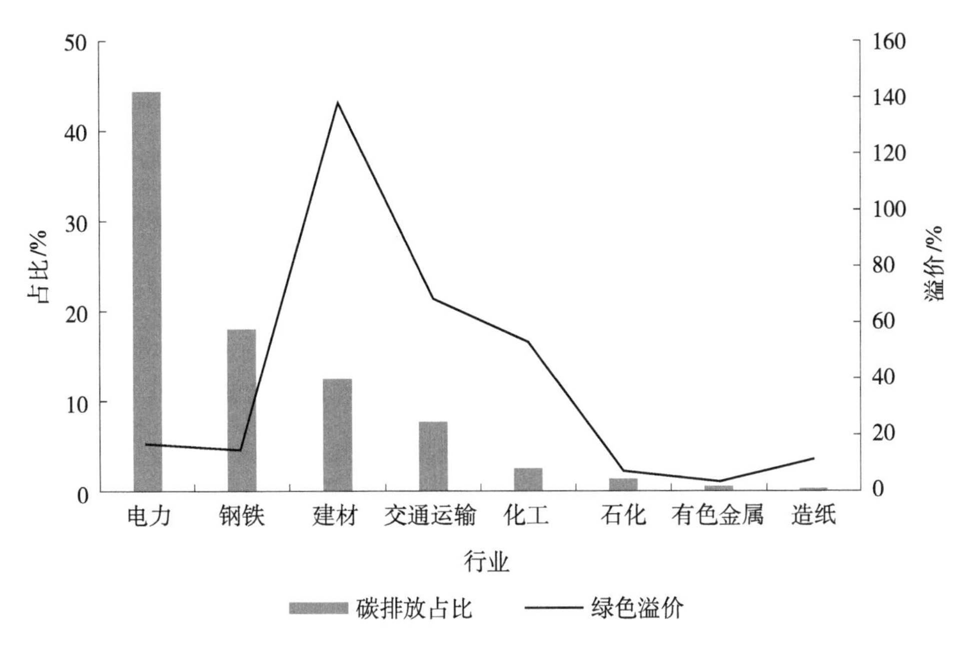

图4-2　不同行业碳排放占比和绿色溢价

资料来源：中金公司研究部，中金研究院.碳中和经济学：新约束下的宏观与行业趋势［M］.北京：中信出版社，2021.

碳税的实施则主要考虑绿色财税改革的制度设计，评估将碳税作为独立税种或环境税的税目，或作为能源税、燃油税的附加税的综合影响。对排放占比一般、但绿色溢价较高的交通运输行业，适时将能源税（燃油税）转为碳税是一个可选项。

隐性碳定价的实施，一方面应注重与宏观经济政策取向一致，特别是当前应从统筹发展、降碳、安全的高度出发，把保障能源安全、产业链供应链安全作为重中之重，加大对能源供应的支持力度；另一方面应与碳市场、碳税等显性碳定价相衔接，特别是对受碳市场影响的行业企业（非化石能源低效利用行业）进行支持。

5.政策可操作性分析

随着全国碳市场的稳定运行，各界对碳市场的认识水平将持续提升，碳市场企业的碳核算、MRV等基础能力将不断增强，碳市场的政策可操作性将不断增强。碳税的政策可操作性主要局限于对征收碳税的理解，特别是在近期尚未达到碳峰值、尚未进行绝对量化减碳的情况下，各行业容易对碳税的效果和影响产生不一致的看法。隐性碳定价工具的可操作性往往较强，但是不同工具存在一定差别，需要结合具体情况讨论。

6.国际影响分析

毫无疑问，由于巨大的体量，我国实施碳市场对全球碳减排（特别是采用市场机制进行碳减排）具有强大的正面效果。但是我国碳市场刚刚建立，第二个履约周期综合价格收盘价在每吨50～82元人民币波动，而欧盟碳市场碳价最高达到90欧元/吨，我国碳市场的影响力、市场基础等距离国外成熟碳市场仍有较大距离。近日欧盟议会通过了关于扩大CBAM实施范围的提案，对钢铁、有色金属等行业产品按照欧盟碳市场每周平均价格征收“碳关税”，我国亟须从碳市场建设的角度提出应对策略。

碳税的实施对碳减排有正向贡献，但是由于其可能对产业发展造成负面影响，发达国家在征收碳税时往往对出口型产业进行税收减免（或返还）。事实上，尽管一些国家碳税水平很高（例如瑞典碳税高达137美元/吨），但由于其能源结构以水电等清洁电力为主，并且对相关行业进行减免，碳税对GDP和行业竞争力造成的实际影响有限。我国由于以煤为主的能源结构，以及在全球贸易中占有较大体量（特别是在原材料产品和初级工业品），相比发达国家即使征收较低碳税也可能对产业竞争力产生较大影响，因此一定要高度警惕。

在正向碳定价方面，事实上各国都对新能源产业发展进行了补贴，正向碳定价广泛存在。然而欧盟在CBAM提案中明确拒绝承认正向碳定价，更加凸显了其试图以碳价转移碳减排责任的倾向。因此要在运用法律等方式明确拒绝CBAM的同时，进一步宣传正向碳定价对于推动碳减排的重要作用。

在负向碳定价方面，随着百年变局和新冠疫情相叠加，特别是俄乌冲突发生以来，化石能源对能源系统安全性的重要程度得到国际社会的高度重视，美欧国家相继出台政策支持煤炭、煤电等传统能源发展，努力维护产业链安全。我国也应积极利用这一窗口，加快利用精准、高效的负向碳定价工具，努力维护能源安全和产业链供应链安全。

7.综合分析

综合上述因素判断，我国利用碳市场政策工具降低二氧化碳排放的时机成熟，应逐步纳入钢铁、水泥等高耗能行业。同时要进一步完善市场配额分配政策，促进电力行业不同级别机组碳排放基准线水平相协调，在纳入高耗能行业后，还需积极设计区域、行业公平转型政策。碳税工具在近中期得到大规模应用的时机并不成熟，需结合财税体制改革进一步研究碳税的实施路径。隐性碳定价工具应主要体现在促进技术进步和带动没有纳入碳市场行业持续降碳上，因此需要结合形势发展不断更新。例如，负向碳定价工具主要体现在维护能源安全和产业链供应链安全等方面，低效的负向碳定价工具应在及时评估的基础上迅速取消。近中期碳定价工具综合比较见表4-4。

表4-4　近中期碳定价工具综合比较

比较标准	碳市场	碳税	正向碳定价	负向碳定价
减排目标有效性	★★	★	★★★	★
政策效能	★★★	★	★★	★★
社会可接受性	★★	★	★★★	★★★
政策协调配合	★★	★★	★★★	★★
政策可操作性	★★★	★	★★	★★
国际影响	★★	★	★★	★

注："★★★"代表好，"★★"代表较好，"★"代表一般。

三、中远期重点领域应用碳定价工具分析

1.减排目标有效性分析

从2035年到2060年，我国面临在25年内将碳排放总量从120亿吨减少至20亿吨甚至更少的严峻形势。因此，不仅需要将更多行业纳入碳市场，还需要及时启动碳税并持续提升税率，这样才能促进碳中和目标的实现。

2.政策效能分析

从中远期来看，随着基础能力的提升和碳排放监测计量设备的不断健全，碳市场的运行成本是稳定、可控的。碳市场的政策效能取决于减排目标和碳价的影响力。

碳税一旦实施，其操作成本也是稳定、可控的，碳税操作成本与碳市场操作成本孰高孰低取决于对碳排放数据质量的要求和覆盖范围。碳税的经济收入则取决于税率水平和税收分配方式。

正向碳定价工具的政策效能则更加体现在对新技术、零碳技术的推广应用支持上，需要结合实际情况尽快出台合适的正向碳定价政策。考虑到碳市场、碳税将逐步覆盖经济社会全领域，利用正向碳定价促进碳减排的作用将不断削弱，应对节能标准等正向碳定价工具适度削弱使用。

负向碳定价工具的政策效能仍聚焦于维护能源系统安全和产业链供应链安全，由于届时能源转型已接近完成，一些领域的“黑天鹅”事件可能是影响安全问题的突出因素，因此负向碳定价工具的应用应更加精准、快捷。

3.社会可接受性分析

在绝对量化减排的前提下，碳市场、碳税、隐性碳定价均具有社会可接受性。但仍需从公平与效率、政府与市场、中央与地方、国际与国内等多个角度，适时对政策工具进行完善。

4.政策协调配合分析

中远期来看，随着市场化改革的完善，碳市场、碳税、正向碳定价、负向碳定价工具的政策定位将越发清晰，协调配合程度将明显提高。它们将与宏观政策取向相一致，成为宏观政策体系的重要组成部分。

5.政策可操作性分析

在市场化改革完善的情况下，碳市场、碳税、正向碳定价、负向碳定价等政策工具的可操作性将明显提高，它们将围绕各自的适用领域和范围发挥相应的功能。

6.国际影响分析

中远期来看，考虑到我国国力显著提升且碳排放量仍将在全球占有重要地位，我国碳定价能力理应在全球占有重要地位。其中碳市场作为合理碳价的发现者，应当在全球碳定价规则中占据相应地位；隐性碳定价作为促进零碳技术创新的重要政策工具，应适时将其成功经验推广到全世界，隐性碳定价的显性化也应积极推进。

7.综合分析

综合来看，中远期碳市场、碳税、正向碳定价、负向碳定价的定位将进一步明确，政策效能和政策的可接受度、协调配合度、可操作性、国际影响力大幅提高。届时碳市场、碳税等显性碳定价工具将覆盖经济社会的全领域，碳市场的覆盖行业范围显著增加。隐性碳定价工具将更加聚焦于零碳技术创新和推广应用，并结合实际情况不断完善，隐性碳定价的显性化也应积极推进。负向碳定价工具不仅不会消失，反而会在维护安全、有效应对“黑天鹅”事件影响方面发挥更加重要的作用，政策实施的精准性、针对性、及时性也将不断提升。中远期碳定价工具综合比较见表4–5。

表4-5　中远期碳定价工具综合比较

比较标准	碳市场	碳税	正向碳定价	负向碳定价
减排目标有效性	★★★	★	★★	★
政策效能	★★★	★★	★★★	★★★
社会可接受性	★★★	★★	★★★	★★★
政策协调配合	★★	★★	★★	★★
政策可操作性	★★★	★★	★★	★★
国际影响	★★★	★	★★	★★

注：“★★★”代表好，“★★”代表较好，“★”代表一般。

第三节　能源领域碳定价工具综合比较分析

一、能源领域碳排放现状和趋势

能源生产领域包括煤炭、石油、天然气等化石能源生产，核能和水电、风电、光伏等非化石能源生产，以及电力、热力等二次能源生产。按照《中国能源统计年鉴2021》进行核算，2020年能源领域二氧化碳直接排放达49.9亿吨，占全国二氧化碳排放总量的47.5%。

从现在到2035年，我国碳排放将逐步达到峰值并保持稳中有降（见图4-3）。目前已有众多关于我国碳排放趋势的研究，预测到2030年碳达峰时碳排放量为120亿～130亿吨，研究结果存在一定差异但总体差异较小。

展望未来，能源领域碳排放将在2030年前达峰，2030年后碳排放将下降，2040—2050年是加速下降期，2060年将逐步实现碳中和（搭配相应的碳捕集、利用与封存技术系统）。电力行业碳排放变化趋势见图4-4。

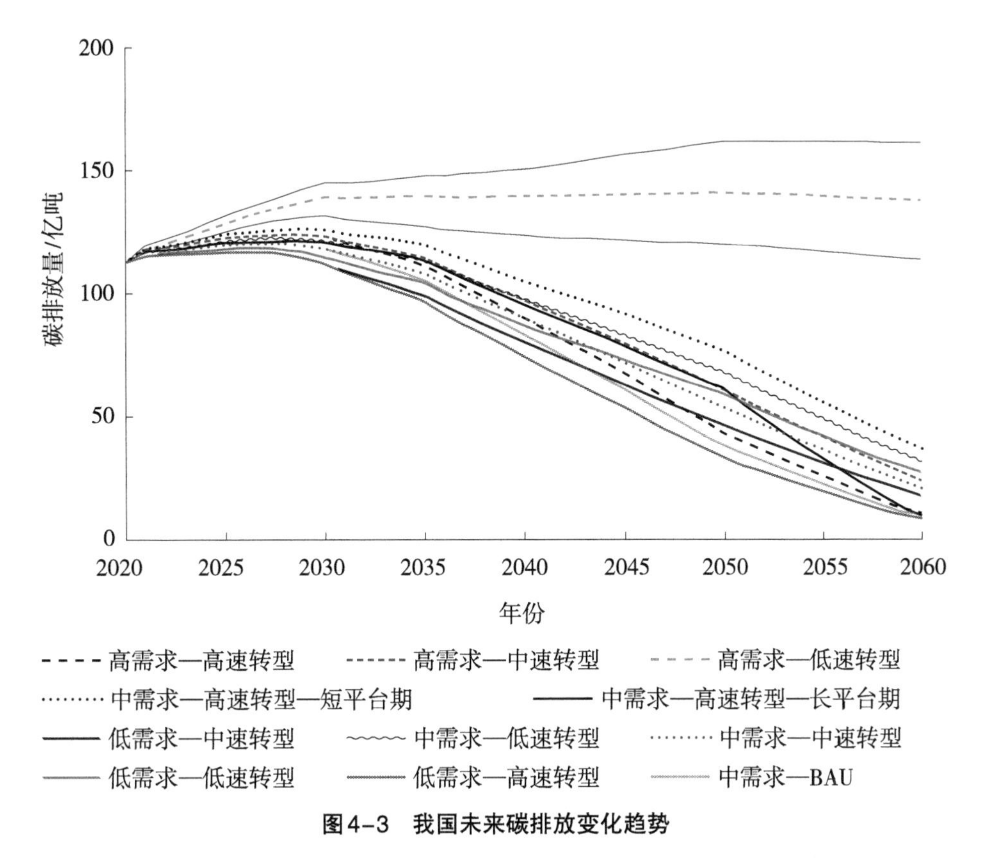

图4-3　我国未来碳排放变化趋势

资料来源：魏一鸣，余碧莹，唐葆君，等.中国碳达峰碳中和时间表与路线图研究［J］.北京理工大学学报（社会科学版），2022，24（4）：13-26.

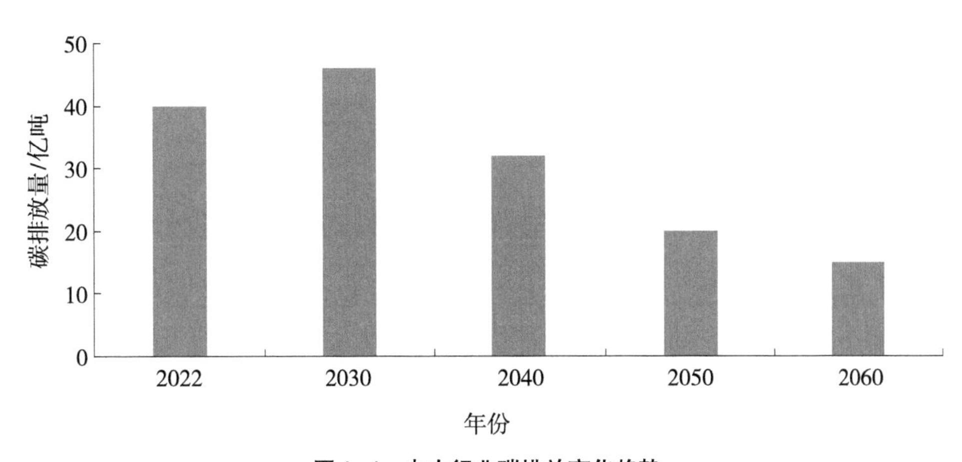

图4-4　电力行业碳排放变化趋势

资料来源：国网能源研究院.中国能源电力发展展望［R］.2021.

二、能源领域碳定价工具实施情况

碳市场：能源部门是最早接触碳市场的部门之一。目前全国碳市场仅纳入电力行业，北京等地方碳市场也纳入了热力行业。全国碳市场电力行业和部分区域（如北京）碳市场热力行业的控制目标均为强度目标，北京市还发布了包括热力行业在内的三批49个行业共83个细分行业碳排放强度先进值。除此之外，新能源发电产生的中国核证减排量（CCER）也是自愿减排交易市场的主要交易品种，目前我国已批准的新能源发电CCER占总量的80%以上。

碳税：我国尚未开征碳税。在已有的相关研究或政策建议中，考虑到电力已纳入碳市场，均选择将其排除在碳税之外。对煤炭开采和石油、天然气的开采、供应则建议纳入碳税政策内。

隐性碳定价：我国在能源部门设置了大量的正向碳定价，主要包括税收及税收优惠类，如对煤炭、石油、天然气开采征收资源税。财政补贴类，例如近年来对新能源发电进行财政补贴，随着风电、光伏逐步实现平价上网，财政补贴政策基本退出，但仍然存在补贴资金尚未完全发放等遗留问题。金融工具类，例如今年以来对煤电建设先后提供3000亿元的再贷款支持。标准标识类，先后发布并持续更新煤电、供热、煤炭等多项单位产品能源消费限额标准，提出了重点产品的碳排放强度准入值、先进值。

三、能源领域进一步应用碳定价工具的综合比较分析

1.电力行业

近中期来看，全国电力的区域性、时段性供需紧张仍将持续一段时间，电力市场建设正在加快推进，煤电机组节能改造、供热改造、灵活性改造“三改联动”正在积极推进。与此同时，全国碳市场建立不久，碳市场制度设计、基础能力、市场监管水平、与相关政策相协调等方面均有一定的改善空间。

按照本书建立的综合比较分析框架，下一步电力行业完善碳市场、碳税、隐性碳价工具的主要方向包括以下内容。

一是完善碳市场的配额分配方法和时间。综合考虑电力供应偏紧、灵活性资源缺失的地区煤电厂建设、“三改联动”、区域行业公平性等因素，下一步可以参考区域碳市场的先进做法，通过设计电力行业碳排放强度基准值（分机组类型的单位发电量碳排放）的年均下降率的方法，尽早向社会公布行业基准值目标，有利于经营主体明确履约目标并提早制定交易策略。

二是以提升数据质量为重点强化基础能力建设，包括在电力企业增加计量设备、探索碳排放在线监测、加强培训、加强市场监管和信息公开、加大监督检查力度，提升对数据造假、违约以及违法行为的处罚力度。

三是加强碳市场与相关政策的协调配合，应着重解决CCER市场、绿色电力（简称绿电）市场、绿色证书市场的标准互认问题，防止出现重复和遗漏。

四是完善隐性碳定价工具。运用行政法规、标准标识等政策工具强化火电机组节能，特别是针对低效机组的节能。设定财政补贴、金融支持等政策推动火电机组“三改联动”。

中远期来看，电力供需形势逐步趋稳，以新能源为主要特征的新型电力系统基本实现安全稳定运行，电力市场化改革实现重大突破，电价向下游传导的速度、力度不断增强。按照本书建立的综合比较分析框架，中长期进一步完善碳市场、碳税、隐性碳价工具的主要方向包括：一是不断完善电力行业的配额分配方法，考虑到电力供需平稳可以对电力行业进行绝对总量控制，以及电价的传导效应，可逐步取消将间接排放纳入碳市场核算范围。二是设计和推动碳期货、碳期权等碳金融产品的运行，进一步发挥碳价对于碳减排的导向性作用。三是特别注重电力市场与碳市场的耦合关系，防范因碳价、电价短时间快速提升可能导致的重大风险。四是注意到碳价的传导效应，需加强对居民侧的针对性补贴以降低对居民生活的影响。

2.热力行业

近中期来看，热力供应行业没有进入全国碳市场的可能性。参照北京等地区将热力供应行业纳入区域碳市场并取得良好效果，有条件的地区可以考虑将热力供应行业纳入区域碳市场。与此同时，热力行业的能效水平还有很大提升空间，需使用行政法规、标准标识等政策工具开展热力行业节能改造，同时积极设计财政补贴、税收优惠等政策予以支持。

中远期来看，随着居民对生活质量要求的不断提升，长江流域等夏热冬冷地区、部分高原地区的供热需求仍在增加。应积极运用价格政策引导居民的节能降碳行为，同时应注重运用财政补贴等政策加强对低收入群体、老弱群体及其他有供热需求群体的保障。

3.煤炭、石油、天然气开采及供应业

煤炭、石油、天然气开采及供应业的碳排放总量较小，单个企业的排放量处于两极分化状态。另外，这些行业的生产过程以电力为主要能源，由于这些企业大多处于偏僻之处，电网基础设施薄弱，它们往往将化石能源转化为电力、热力后进而就近利用。因此这些行业并不适合纳入碳市场，对这些行业的能源消费征收碳税也仅仅是提高其成本，这种成本的提高很难传导到煤炭、石油、天然气等大宗商品价格上。现阶段采用隐性碳定价工具特别是强化节能标准、利用节能专项资金将是更有助于行业的节能降碳措施。从中远期来看，通过行政命令、财政补贴等隐性碳定价工具，实现其能源消费结构的清洁化，将是重要的方向。

第四节　工业领域碳定价工具综合比较分析

一、工业领域碳排放现状和趋势

根据《中国能源统计年鉴2021》进行核算，2020年工业领域直接碳排放达40.4亿吨（含过程排放），约占全国碳排放总量的38%，是除能源外第二大排放领域。如果考虑电力净调入的间接排放，工业领域二氧化碳排放总量达73.5亿吨，占全国二氧化碳排放总量的达70%。

考虑到工业领域实际情况，将工业碳排放进一步分为重工业（钢铁、水泥、石化化工、有色金属4个行业）和轻工业两类。其中重工业主要利用煤炭、天然气等化石能源，2020年直接排放约36.7亿吨二氧化碳，占全国总排放的35%。轻工业利用电力、天然气等清洁能源比例较高，2020年直接排放约3.7亿吨二氧化碳，占全国总排放的3.55%。考虑间接排放后，重工业、轻工业的碳排放总量分别为51.5亿吨、21.9亿吨，分别占全国总排放的49%和21%。

现有研究结果表明，工业领域将在2030年前实现碳达峰，其中钢铁、水泥、电解铝等重工业可能于2025年左右达到峰值，峰值排放量约为40亿吨（含间接排放）（见图4-5）。

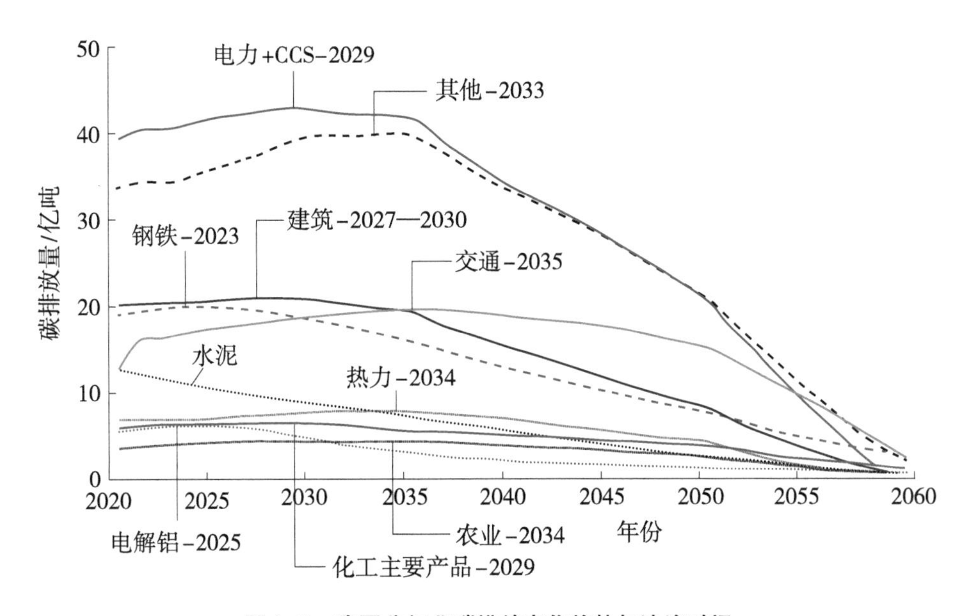

图4-5 我国分行业碳排放变化趋势与达峰时间

资料来源：魏一鸣，余碧莹，唐葆君，等.中国碳达峰碳中和时间表与路线图研究[J].北京理工大学学报（社会科学版），2022，24（4）：13-26.

二、工业领域碳定价工具实施情况

碳市场：目前全国碳市场仅纳入电力一个行业，石化、化工、建材、钢铁、有色金属、造纸等行业有望于未来几年纳入全国碳市场。目前这些行业已被区域碳市场纳入，但由于行业的区域分布不均匀，各区域碳市场包含的行业也有一些差别。

碳税：碳税正处于研究阶段，尚未实施。

隐性碳定价：我国在工业领域实施了大量隐性碳定价政策。主要包括：一是节能标准和能耗强度下降目标政策，从“十一五”时期起，工业和信息化部将单位增加值能源消费下降目标和重点行业单位产品能耗目标作为工业节能降碳的重点目标指标，并将相关目标指标分解到重点工业企业且取得了突出效果。二是财税金融类政策，为推动工业节能，中央和地方对单位节能量进行补贴，中央财政奖励标准为240元/吨标准煤，北京市财政奖励标准为260元/吨标准煤。三是国家对节能项目所得进行税收优惠，例如对节能减排技术改造项目，自项目取得第一笔生产经营收入所属纳税年度起，第一年至第三年免征企业所得税，第四年至第六年减半征收企业所得税；又如对符合条件的节能服务公司实施合同能源管理项目，取得的增值税应税收入暂免征收增值税等。

三、工业领域进一步应用碳定价工具的综合比较分析

1.重工业

近中期来看，钢铁、水泥、电解铝等工业行业将陆续达到碳排放峰值并逐步进入到下降阶段，化工等行业也有望于2030年前达到峰值。按照本书建立的综合比较框架，对重工业行业应用碳定价工具进行综合比较分析。根据综合比较分析结果，下一步在重工业行业应用碳定价工具的主要方向包括以

下内容。

一是适时将钢铁、水泥、有色金属、化工等行业纳入碳市场。建议基于工序的基准线法，为上述行业设置基准线。同时，根据朱松丽等人研究结果，全国各地区钢铁、有色金属等行业的先进、一般、落后工艺分布比较均匀，因此可以仅设计一条基准线。但是，由于不同地区的行业集中度有所区别，这些行业对不同地区的经济贡献也有较大差异，为此还需提早设计公平转型政策，促进高耗能企业集中的地区公平享有绿色低碳转型的机遇。此外，还需参考电力行业的经验，以提升数据质量为重点强化基础能力建设。

二是完善正向碳定价工具。运用行政法规、标准标识等政策工具强化钢铁、水泥、有色金属、化工等行业节能，运用产业结构调整、环境标准等工具及时淘汰低能效且无改造潜力的企业。设定财政补贴、金融支持等政策推动，支持重点行业的节能降碳改造。

三是创新性应用负向碳定价工具。近年来，产业链供应链安全问题受到广泛的重视。钢铁、有色金属、化工等产业是我国制造业全球竞争优势的重要组成部分，在当前形势下可以创新性应用负向碳定价工具，例如通过设置出口退税等政策，努力增强我国相关产业的竞争力，维护产业链供应链安全。

中远期来看，随着零碳工艺的逐渐成熟，重工业碳排放将进入快速下降通道，进一步在重工业行业应用碳定价工具的主要方向包括以下内容。

一是持续优化碳市场机制设计。例如可以取消将重点行业的间接排放纳入碳市场。持续提升碳排放统计监测水平，积极应用在线监测等新技术等。

二是利用隐性碳定价工具加大对先进零碳技术的支持力度，并取消直接将节能降碳目标分解至工业企业。

2.轻工业

轻工业的排放总量较小，且单个企业的排放量处于两极分化状态。这些行业的生产过程以电力为主要能源，间接排放占比较大。基于上述特征，轻工业在短期内不适于纳入碳市场。但从中远期来看，当碳排放进入快速下降阶段后，将部分轻工业纳入碳市场可能对实现减排目标有积极作用。现阶段重点是通过隐性碳定价工具特别是强化节能标准、利用节能专项资金将更有助于行业的节能降碳。通过行政命令、财政补贴等隐性碳定价工具，实现其能源消费结构的清洁化，将是重要的方向。

第五节　建筑和交通领域碳定价工具综合比较分析

一、建筑和交通领域碳排放现状和趋势

建筑和交通领域主要覆盖了服务业各行业及居民生活消费产生的排放。根据《中国能源统计年鉴2021》进行核算，2020年建筑和交通领域直接碳排放约15.3亿吨，约占全国碳排放总量的14.6%。如果考虑电力净调入的间接排放，建筑交通领域二氧化碳排放总量达32亿吨，占全国二氧化碳排放总量的达30%。微观层面，建筑和交通领域碳排放分布呈量大面广的特征，大量服务业企业和不少居民以电力消费为主，化石能源直接排放非常少。

现有研究结果表明，建筑领域有望于2027—2030年碳排放达到峰值，但是受未来经济联系进一步紧密、长距离交通零碳技术尚未突破等多重因素影响，交通领域可能于2035年左右才能达到峰值。

二、建筑和交通领域碳定价工具实施情况

碳市场：目前全国碳市场仅纳入电力一个行业，除航空业外短期内没有将建筑、交通领域纳入碳市场的计划。在北京、深圳等地方碳市场，已经将公共交通、大型公共机构（如大学、医院）、大型商厦和宾馆饭店纳入碳市场。

碳税：碳税正处于研究阶段，尚未实施。

隐性碳定价：我国在建筑和交通领域实施了一些隐性碳定价政策，目前使用情况与工业领域相同，详见本章第四节。

三、建筑和交通领域进一步应用碳定价工具的综合比较分析

建筑和交通领域的排放总量较小，且单个企业的排放量处于两极分化状态。除航空业外，大部分行业企业的碳排放均为外调电力、热力产生的碳排放（也有一些企业自行供热因而直接排放占比较高）。目前北京等区域碳市场虽将建筑和交通领域的服务业企业和事业单位纳入碳市场，但实践结果表明，这些企业的碳排放下降更多是通过相关业务调整取消而产生，通过节能提效和发展可再生能源带来的减排量总体较小。虽然不能因此证明碳市场对这些行业是无效的，但至少可以明确近中期内隐性碳定价政策（如节能标准、可再生能源配额制等）对其降碳具有更重要的作用，中远期来看，这些行业应纳入碳税征收范围，以体现碳减排的公平性，但对一些落后的地区和贫困居民应予以税收减免。

第六节　有效发挥各类碳定价工具作用的重点任务

一、有效发挥碳市场工具在重点领域降碳中的主体作用

完善碳市场定价工具，要把碳市场建设的一般性理论同我国国情实际相结合，以促进低成本节能降碳和安全稳妥降碳为主要评价标准，近期重点做好以下工作：一是以数据质量为重点强化基础能力建设。加快建立统一规范

的碳排放核算方法以及相应的监测报告核查制度，同时也在市场监管、法制建设、全社会意识培育等方面加大工作力度。二是妥善处理碳市场制度设计重大问题。在做好综合影响评估基础上，妥善处理钢铁、有色金属、建材等行业纳入碳市场问题，避免碳减排对经济发展和行业竞争力造成过大冲击。深入研究论证碳期货、碳期权等碳金融问题，防范资本过度炒作。三是着力解决碳市场与电力市场、用能权市场的统筹衔接，以及CCER市场、绿电市场、绿色证书市场的标准互认问题，防止出现重复和遗漏。四是以更加积极的姿态参与碳市场国际合作，积极吸收国外成熟碳市场的先进经验，围绕碳市场连接、碳定价规则制定等竞合问题进行深入论证和交流，在维护国家利益的同时为全球气候治理作出更大贡献。

中远期碳市场依然有较大的完善空间，主要包括：一是按照绝对总量控制目标并考虑电力价格可以灵活传导，重新考虑碳市场制度设计逻辑。二是形成现货市场与金融市场联动的成熟市场，促进碳价成为引领碳中和目标的“风向标”，不断增强我国碳市场的国际影响力和碳定价的国际话语权。三是将碳市场与宏观政策体系充分衔接，成为宏观调控体系的重要组成部分。

二、提升隐性碳定价工具的政策效能

完善隐性碳定价工具，应坚持市场化改革方向，在充分发挥市场在资源配置中的决定性作用的同时，更好发挥政府作用。同时应结合国情实际，注重政策间的协调配合，打好“组合拳”。近期重点做好以下工作：一是加快推动碳排放“双控”制度落地。加强顶层设计，充分衔接2030年前碳达峰行动方案和部门重点工作，分别研究针对部门和地方的碳达峰碳中和综合评价考核制度，完善统计核算、激励约束等配套制度。二是以煤电“三改联动”和高耗能产业节能降碳改造升级为契机，强化重点行业产品节能标准，完善财税金融隐性碳定价工具，加大支持力度，推动未纳入碳市场的高耗能行业节能降碳。

中远期隐性碳定价工具将更加聚焦于促进零碳技术研发和推广应用，完善政策的主要方向包括：一是促进财税金融协调一致，共同激励零碳、负碳技术创新。二是促进隐性碳定价工具与成熟完备的商品市场、要素资源市场、金融市场有效衔接，特别是能源价格、电力价格、大宗商品价格实现有效传导，价格扭曲现象得到根本性改变，市场风险得到有效管理。

负向碳定价工具（包括对化石能源开发利用进行补贴、税费减免等）对降低碳排放具有负面的作用，但是从统筹发展、减排、安全的要求出发，不同阶段的负向碳定价工具也有不同的效果。近期重点做好以下工作：一是加快煤炭清洁高效利用专项再贷款等政策的落地。以推动煤炭清洁高效利用和增强煤炭储备能力为筛选标准，鼓励金融机构自主决策、自担风险向支持范围内符合标准的项目发放优惠贷款，人民银行按贷款本金等额提供专项再贷款资金支持。二是逐步取消低效化石能源补贴政策（见表4-6）。

表4-6 部分低效化石能源补贴政策清单

序号	名称
1	成品油生产企业自产自用油免征消费税政策
2	油（田）气企业生产自用成品油先征后返消费税政策
3	火电厂免征城镇土地使用税政策
4	供热企业采暖费收入免征增值税政策
5	因成品油价格和税费改革给予的系列补贴

资料来源：韩文科，安琪，王娟，等，中国化石能源补贴问题研究［R］. 2017.

中远期来看，负向碳定价工具并不会消失，反而会更加聚焦于处理“黑天鹅”等应急性安全事件，负向碳定价工具的出台将更加精准、及时。

三、适时推动碳税工具落地

碳税的制度设计应符合绿色税制的改革方向，注重保持宏观税负稳定，突出碳税的“双重红利”作用。一是研究碳税的制度设计，包括碳税的征收范围、税基、税率、税收使用方式等。特别是做好碳税与碳市场的协调（见表4-7），例如研究在税种改造和设立新税种或税目两种路径下的碳税征收范围，重点研究碳税征收范围与碳市场范围是否重叠、碳税税率与碳配额是否有偿分配之间的关系，在此基础上分析研判碳税的综合影响。二是研究碳税的落地条件。综合考虑经济社会发展形势、化石能源价格、碳税制度设计以及配套财税、金融政策等因素，权衡好实现碳减排目标与碳税实施经济社会影响的关系，统筹实施一揽子改革方案。

表4-7　碳税和碳市场的协调设计

碳税实施路径	碳税征收范围	与碳市场范围是否重合	碳配额免费分配下的协调	碳配额有偿分配下的协调
税种改造	全部排放企业和居民等	重合（高排放企业）	不需要协调	协调调控力度，对碳市场进行减免
设立新税种或税目	中小排放企业	不重合	协调调控范围，扩大碳税征收范围	协调调控力度，基于碳配额价格确定碳税税率水平
	全部排放企业	重合（高排放企业）	不需要协调	协调调控力度，对碳市场进行减免，保持碳价一致性

资料来源：许文.碳达峰碳中和目标下征收碳税的研究［J］.税务研究，2021（8）：22-27.

中远期来看，特别是当绝对量化减排成为全社会减排目标时，碳税工具有望发挥更大的作用。此时应当进一步结合国内减排成本变化和国际碳价情况，对碳税的征收范围（及减免范围）、税率水平进行动态调整。

第五章
统筹推进碳定价与能源环境体制机制改革创新

第一节　碳定价与相关能源环境体制机制的主要联系

碳定价与我国能源环境体制机制密切相关，互相影响。建立健全碳定价机制，要基于我国的基本国情、政策背景和市场环境，在中国特色社会主义市场经济体制的框架下，统筹碳定价与我国能源环境体制机制的相互关系，重点要加强碳定价与电力市场和电力交易、能源价格改革、资源环境类财税政策之间的统筹协调。

一、政策目标多元相关

碳定价工具和能源环境体制机制的政策目标呈多元相关特征，都针对能源、环境、生态等相关领域的目标，但又各有侧重。

碳定价工具的政策目标，无论是碳交易还是碳税，都是在应对气候变化和促进绿色低碳发展中充分发挥市场机制作用，通过对碳排放行为给予激励约束机制和价格信号来实现促进碳减排的目标。

电力市场和电力交易的政策目标，是进一步深化电力市场化改革，建立公平、规范、高效的电力交易平台，引入市场竞争，建立以中长期交易为主、现货交易为补充的市场化电力电量平衡机制，实现电力的优化配置。

能源价格政策的政策目标，是实现有效市场和有为政府更好结合，还原能源商品属性，加快推进能源价格市场化，使能源价格更好反映市场需求和成本变化。此外，特定领域的价格改革还有其他政策目标的考虑，例如，促进绿色发展的价格政策，是要建立健全能够充分反映市场供求和资源稀缺程度、体现生态价值和环境损害成本的资源环境价格机制，将资源和生态环境成本纳入经济运行成本，撬动更多社会资本进入资源节约和生态环境保护领域，从而发挥价格机制促进绿色发展的作用。

资源环境类财税政策的政策目标，是深化财税体制改革，有效发挥财政、税收杠杆调节作用，促进资源节约集约利用和生态环境保护。例如，资源税是要促进资源行业持续健康发展，推动经济结构调整和发展方式转变；环境保护税是为了保护和改善环境，减少污染物排放，推进生态文明建设。

二、政策对象联系密切

碳定价工具和能源环境体制机制的政策对象，虽然不完全相同，但是存在一定的重叠性或者关联性，有的经营主体同时是碳定价工具和多种能源环境政策机制的管理对象，有的经营主体处于产业链上下游，相互联系密切。

碳定价工具的政策对象，以全国碳市场为例，主要是纳入全国碳市场的温室气体重点排放单位以及符合国家有关规定的其他主体。进入名录的符合两项条件，一是属于全国碳市场覆盖行业，二是年度温室气体排放量达到2.6万吨二氧化碳当量。

电力市场和电力交易的政策对象，需要区分不同类型的电力市场，例如，中远期市场的市场成员包括各类发电企业、电网企业、配售电企业、电力交易机构、电力调度机构、电力用户、储能企业等。电力现货市场正进行两批试点，以江苏现货市场为例，参与主体包括发电企业、一类用户（直接参与批发市场交易的电力用户）、售电公司、独立辅助服务提供者等。电力辅助服务市场需要区分不同的交易品种，以湖南省电力辅助服务市场为例，参与主体包括湖南电网内火电（含生物质等）、水电、风电、光伏、抽水蓄能等发电企业，储能、调峰等辅助服务提供商，电网企业（供电企业），参与市场交易的用电企业等。

能源价格政策主要是明确煤、油、气、电等各品种能源的价格形成机制，而政策作用的经营主体，包括受能源价格影响的所有经营主体，直接的主体包括从事能源的生产者和消费者，能源价格对其意味着收益或成本；间接的主体包括产业链所有环节的参与主体，都会因为能源价格的传导而受到能源价格改革的影响。

资源环境类财税政策的政策对象，主要是根据相应财政、税收工具的支持范围或者征税范围确定。例如，资源税应税资源的具体范围由《资源税税目税率表》确定，能源矿产主要包括原油，天然气、页岩气、天然气水合物，煤，煤成（层）气，铀、钍，油页岩、油砂、天然沥青、石煤，地热等，征税对象为原矿或者选矿；纳税人开采或者生产应税产品自用的应当缴纳资源税。又如，环境保护税的应税污染物包括《环境保护税税目税额表》《应税污染物和当量值表》规定的大气污染物、水污染物、固体废物和噪声，直接向环境排放应税污染物的企业事业单位和其他生产经营者为环境保护税的纳税人。

三、作用机理有同有异

由于政策工具的目标、设计、原理、效果不同，碳定价工具和能源环境体制机制的作用机理既有相同相似，又存在一些差异。

碳定价工具的作用机制，是要通过碳价格来纠正碳排放行为的负外部性，碳价格衡量的是碳排放的社会成本，其作用机理是要通过付费将碳排放的社会成本转化为行为主体的成本，促进行为主体优化碳排放行为。碳价的形成主要有两种方式，即碳交易形成价格和碳税，在作用机理上，两者存在区别。

碳交易的理论基础是科斯定理，是通过明晰产权来解决碳排放的外部性问题，碳配额的分配与减排目标直接相关。碳交易及相关活动主要包括碳排放配额分配和清缴，碳排放权登记、交易、结算等。生态环境部制定碳排放配额总量确定与分配方案，再由省级生态环境主管部门向本行政区域内的重点排放单位分配规定年度的碳排放配额。碳排放配额实行免费分配，并根据国家有关要求逐步推行免费和有偿相结合的分配方式。碳排放权交易产品包括碳排放额和国务院批准的其他现货交易产品。目前全国碳市场以碳排放配额为交易产品开展集中统一交易，获得配额的主体可以在碳市场出售多余的配额或购买缺少的配额。

碳税的理论基础是庇古税，是控制环境污染负外部性的经济手段，通过政府向行为主体征税来矫正其私人成本，将外部社会成本内部化为行为主体个人成本，从而影响其行为决策。碳税的价格可预期，执行透明且行政成本较低，但是与碳减排目标不直接挂钩。资源环境类财税政策与碳税的作用机理相似。

能源价格政策的理论基础是发挥市场在资源配置中的决定性作用和更好发挥政府作用相结合。随着能源市场化改革的推进，多数能源产品和服务的价格，都是由市场竞争和供需平衡决定，还有部分涉及民生用能，或者属于自然垄断环节的价格由政府进行监管。市场作为“无形之手”决定市场化价格，政府作为“有形之手”，主要解决市场失灵问题。电力市场和电力交易的作用机制与能源价格形成机制相似。

第二节 碳定价相关能源环境体制机制的改革进展和展望

一、能源电力市场建设进展和展望

1.能源电力市场建设进展

从2015年开始，随着《中共中央 国务院关于进一步深化电力体制改革的若干意见》及6个配套文件的印发，开启了以“管住中间、放开两头”为总体思路，以“三放开、一独立、三强化”为重点内容的新一轮电力体制改革。

电力市场体系的基本架构不断健全。《关于推进电力市场建设的实施意见》提出“逐步建立以中长期交易规避风险，以现货市场发现价格，交易品种齐全、功能完善的电力市场，在全国范围内逐步形成竞争充分、开放有序、健康发展的市场体系”。此后我国电力市场建设在全国各地广泛铺开。我国电力市场构成及模式见表5-1。

表5-1 我国电力市场构成及模式

名称	分类	内容
市场构成	中长期市场	主要开展多年、年、季、月、周等日以上电能量交易和可中断负荷、调压等辅助服务交易
	现货市场	主要开展日前、日内、实时电能量交易和备用、调频等辅助服务交易
	其他市场	条件成熟时，将探索开展容量市场、电力期货和衍生品等交易
市场模式	分散式	主要以中长期实物合同为基础，发用双方在日前阶段自行确定日发用电曲线，偏差电量通过日前、实时平衡交易进行调节的电力市场模式
	集中式	主要以中长期差价合同管理市场风险，配合现货交易采用全电量集中竞价的电力市场模式

资料来源：国家发展改革委，国家能源局．关于推进电力市场建设的实施意见［EB/OL］.（2015-11-26）［2024-01-10］. http://zfxxgk.ndrc.gov.cn/web/iteminfo.jsp?id=19445.

适应新形势电力交易机制不断完善。随着省级交易机构市场交易规则的编制和交易平台的搭建，中长期交易已经实现全覆盖，为电力供需平衡和市场预期稳定提供基础。现货市场已经开展两批试点，8个现货市场试点实现不同周期的结算试运行，第二批现货试点范围稳步推开，更好地反映电力的时空价值。辅助服务交易品种日益丰富，覆盖范围不断拓展，为电力系统的安全稳定运行和新能源消纳提供支撑。

清洁能源市场化交易机制不断探索。在构建新能源占比逐渐提高的新型电力系统新要求下，电力市场体系建设也将更多地考虑清洁能源市场化交易机制的探索与完善。各省因地制宜探索形成了各具特色的市场化交易机制，如清洁能源与火电打捆交易、跨省跨区低谷风电交易、清洁能源参与省内直接交易、清洁能源参与区内现货交易、清洁能源参与辅助服务交易、清洁能源参与源网荷储互动试点交易等。

可再生能源相关政策不断优化。近年来，我国出台了多种形式的可再生能源相关政策，例如发展目标制度、强制上网制度、分类电价制度、费用分摊制度和专项资金制度，其中发展目标制度和分类电价制度与全国碳市场的实施联系密切。此外，由于绿电除了像火电等常规电源通过出售电量实现经济效益外，还具有清洁、低碳、环保的环境效益，我国也推出了绿色电力证书（简称绿证）交易和绿电交易。2017年，《关于试行可再生能源绿色电力证书核发及自愿认购交易制度的通知》印发，我国绿证制度正式试行。绿证是国家对发电企业每兆瓦时非水可再生能源上网电量颁发的具有唯一代码标识的电子凭证。绿证交易在全国绿色电力证书自愿认购交易平台进行，该交易平台目前挂牌交易的绿证分为风电和光伏两类。2021年我国推动开展绿电交易试点，根据《绿色电力交易试点工作方案》，绿电产品初期为风电和光伏发电企业上网电量，条件成熟时扩大至符合条件的水电；绿电产品的交易方式主要包括直接交易购买和向电网企业购买两种方式。

2.能源电力市场建设展望

电力市场建设将继续沿着“管住中间、放开两头”的思路深入推进。

加强电力市场顶层设计，推动全国统一电力市场体系建设。《中共中央 国务院关于加快建设全国统一大市场的意见》提出“健全多层次统一电力市场体系，研究推动适时组建全国电力交易中心。”2022年1月18日，国家发展改革委、国家能源局印发《关于加快建设全国统一电力市场体系的指导意见》。电力市场的未来趋势是以建设统一、开放、竞争、有序的电力市场为目标，加强电力细分市场的科学设计，统筹推进中长期、现货、辅助服务和容量市场建设与互补衔接，加强电力市场互联互通，促进省间和省内市场融合，推动建立全国统一电力市场体系。

适应新型电力系统发展要求，加强重点市场建设与协调。《中共中央 国务院关于完整准确全面贯彻新发展理念做好碳达峰碳中和工作的意见》提出“全面推进电力市场化改革，加快培育发展配售电环节独立经营主体，完善中长期市场、现货市场和辅助服务市场衔接机制，扩大市场化交易规模。推进电网体制改革，明确以消纳可再生能源为主的增量配电网、微电网和分布式电源的经营主体地位。加快形成以储能和调峰能力为基础支撑的新增电力装机发展机制”。“双碳”目标下新型电力系统对电力市场提出更高要求，电力市场的建设和市场机制的完善也需要更加适应新型电力系统的新形态、新特征和新要求。

二、能源价格改革进展和展望

1.能源价格改革进展[①]

随着能源市场体系建设和市场化改革的稳步推进，我国能源价格改革取得明显进展。电力是碳减排的重点领域，也是全国碳市场率先纳入的行业，

① 详见国务院新闻办公室2020年12月发布的《新时代的中国能源发展》白皮书。

所以本节也将重点对电价进行阐述。

竞争性环节价格有序放开。电力领域，公益性以外的发售电价格分步推动由市场形成，电力用户或售电主体可与发电企业通过市场化方式确定交易价格。燃煤发电上网电价机制改革进一步深化，新建风电、光伏发电项目上网电价稳步推进以竞争性招标方式确定。跨省跨区送电价格按照“风险共担、利益共享”原则协商或通过市场化方式形成。煤炭领域，煤炭市场化价格形成机制进一步完善，煤炭中长期合同制度不断健全，由市场形成煤炭价格的机制不断优化，“基准价+浮动价”价格机制得到广泛认可，签约履约率稳步提升，产运需各方有效衔接。目前，电煤中长期合同总体已实现全覆盖，履约水平不断提高。石油领域，成品油价格机制不断优化，缩短调价周期，调整挂靠油种，简化调控程序，同时取消了国际市场油价波动4%才能调价的幅度限制，更加灵敏地反映国际油价变化，并保持国内调价的合理节奏。天然气领域，按照“管住中间，放开两头”的思路，天然气价格改革已经取得重大进展。目前，海上气、液化天然气、页岩气、煤层气、煤制气，以及直供用户用气、储气设施购销气和进入交易中心公开交易的天然气价格已完全由市场形成，其余非居民用气价格也基本理顺，建立了以基准门站价格为基础上浮20%、下浮不限的弹性价格机制。上述气量合计已占国内消费总量的80%以上[①]。

自然垄断环节价格监管不断完善。按照“准许成本+合理收益”原则，科学核定电网、天然气管网输配价格。已开展三个监管周期输配电定价成本监审和电价核定。强化输配气价格监管，开展成本监审，构建天然气输配领域全环节价格监管体系。

电价等重点领域价格改革取得显著进展。电价改革以“管住中间、放开两头”为原则，发电侧竞价上网，售电侧放开，以市场化方式形成电力价格，

① 国家发展改革委.国家发展改革委有关负责人就理顺居民用气门站价格答记者问［EB/OL］.（2018-05-25）［2024-04-23］.https://www.gov.cn/xinwen/2018-05/25/content_5293677.htm.

还原电力的商品属性，建立起“能跌能涨”的市场化电价机制。燃煤发电上网电价机制不断完善，在“基准价+上下浮动”范围内形成上网电价，且高耗能企业市场交易电价不受上浮20%限制。构建跨省跨区电能交易价格形成机制，由送受电双方平等协商或通过市场化交易方式确定送受电量和价格，并建立价格调整机制，对扩大新能源消纳范围起到积极作用。构建灵活性资源价格形成机制，抽水蓄能、新型储能等价格机制逐步建立起来。销售电价改革有序推进，取消了工商业目录电价，有序推动工商业用户全部进入电力市场，并按照市场价格购电。分时电价政策更新并全面推行。

促进减污降碳的价格机制不断丰富。党的十八大以来，生态文明建设被放在突出地位，能源价格改革重视通过价格机制来促进资源节约和生态环境成本内部化，相关价格机制也不断丰富。例如，对支持可再生能源、燃煤机组超低排放改造、北方地区清洁供暖的价格政策，对高耗能、高污染、产能严重过剩行业的差别化电价政策，按照保基本、促节约原则对居民用电、用气实施阶梯价格制度，奖惩结合的环保电价和收费政策等，都体现了生态文明建设和减污降碳的导向。

2.能源价格改革展望

进一步放开竞争性环节价格，同时加强完善自然垄断环节价格监管，是进一步完善能源价格机制的总体方向。而加强绿色低碳导向，创新和完善能够促进节能降碳和绿色发展的价格政策，是统筹“双碳”工作和价格改革的重要举措。

创新和完善促进能源绿色低碳发展的价格体系。在能源生产侧，理顺各能源品种、环节的价格形成机制，通过价格改革，形成促进能源生产结构向绿色低碳方向转型的价格信号。在能源消费侧，进一步完善有利于节约用能的价格机制，充分发挥能源价格的杠杆作用，推动高耗能行业节能减排、淘汰落后，引导能源资源优化配置，进而促进产业结构和经济结构的优化升级。

进一步推动形成由资源稀缺程度、市场供求关系、环境补偿成本等因素决定的能源电力价格形成机制。加快建立健全能够充分反映市场供求和资源稀缺程度、体现生态价值和环境损害成本的能源资源价格机制和相关环境价格机制。根据《国家发展改革委"十四五"时期深化价格机制改革行动方案的通知》，电价改革在持续完善上网、输配、销售价格机制的同时，还将不断完善绿色电价政策，包括针对高耗能、高排放行业完善差别电价、阶梯电价等绿色电价政策，强化与产业和环保政策的协同，加大实施力度，促进节能减碳。实施支持性电价政策，降低岸电使用服务费，推动长江经济带沿线港口全面使用岸电。

三、资源环境类财税改革进展和展望

资源环境类财税政策以资源税和环境保护税为典型代表。资源税征收目的是调节资源级差收入并体现国有资源有偿使用。2020年，《中华人民共和国资源税法》正式实施，能源矿产税目中，原油，天然气、页岩气，煤，地热等按照相应税率征收。环境保护税征收目的是为了保护和改善环境，减少污染物排放，推进生态文明建设。2018年，《中华人民共和国环境保护税法》正式实施，税目包括大气污染物、水污染物、固体废物等。此外还有消费税、节能减排类财政补贴和税收优惠等。未来资源环境税费体系改革将进一步深化。

第三节　存在的问题和挑战

一、市场建设进度特征不同，影响政策协同效能的发挥

碳市场与能源电力市场、环境权益市场相比，在市场设计和运行方面都

存在很大差异。不同市场在市场规模、活跃程度、制度规则完善程度、市场作用发挥程度等方面，都存在较大差别，并且不同市场在运行上较为独立，影响碳定价和能源环境体制机制统筹协调目标的实现和政策协同效能的发挥。

能源市场作为传统的商品市场，起步较早，市场建设历经了能源市场化改革的历程，建立起覆盖不同能源品种的、多层次的市场体系。2014年，《关于深入推进煤炭交易市场体系建设的指导意见》印发，对煤炭交易市场体系建设进行了总体设计。2015年，《关于推进电力市场建设的实施意见》印发，提出逐步建立以中长期交易规避风险，以现货市场发现价格，交易品种齐全、功能完善的电力市场。油气领域"X+1+X"市场体系也在积极建设，上游油气勘查开采市场、下游销售市场竞争程度提升，各类交易中心都陆续正式运营。目前能源市场规模庞大，参与主体多元，交易非常活跃。以电力市场为例，根据中电联数据，截至2023年底，全国电力市场累计注册经营主体74.3万家；全国市场交易电量由2016年的1.1万亿千瓦时增长至2023年的5.6万亿千瓦时，在全社会用电量比重达到61.4%。

环境权益市场的发展也取得了阶段性成果。用能权市场方面，浙江省、福建省、河南省和四川省开展用能权有偿使用和交易试点，2018年底至2019年底，上述四地陆续正式启动用能权交易。各省的用能权交易制度设计都各具特点，信息披露程度与交易活跃度的差异也较大。浙江省最早开启用能权交易且市场最为活跃，2023年全年累计交易49笔，单笔交易量从730.40吨标准煤至12.98万吨标准煤不等。福建省截至2023年底累计成交220.91万吨标准煤，成交金额达3445.14万元。河南省、四川省缺乏公开交易信息，交易也并不活跃。[①]排污权市场方面，近年来排污权有偿使用和交易试点在多个省（区、市）展开。截至2023年底，28个省级行政区实现了对排污权有偿使用和

① 范欣宇.2023年我国用能权交易市场进展情况和政策建议.［EB/OL］.（2024-02-27）［2024-03-25］.https://iigf.cufe.edu.cn/info/1012/8463.htm.

交易的明确规定，在全省或省内重点区域开展了排污权试点工作。[①]在行业范围上，大多数试点地区选取火电、钢铁、水泥、造纸、印染等重点行业作为交易行业，浙江省、重庆市等部分地区扩展到全行业范围。在污染物范围上，近一半试点地区选取纳入“十二五”国家约束性总量指标的四项主要污染物（即二氧化硫、氮氧化物、化学需氧量和氨氮）作为交易的污染物，另有部分地区结合当地实际进行扩展。部分省份市场交易情况较为活跃。

碳市场[②]的发展经历了从地区试点到全国起步的两个阶段。从碳市场与其他市场建设的进度来看，目前碳市场还处于全国和地方碳市场并行阶段，并且碳市场在制度设计上也还处于不断调整优化的过程中。与能源电力市场、环境权益市场相比，碳交易市场在市场设计和运行方面都存在很大差异。以碳市场和电力市场对比为例，主要有四方面差异。第一，两个市场形成的原理和基础不同，电力市场属于商品和服务市场，是需求驱动型市场；碳市场属于权益市场，属于政策驱动型市场。第二，两个市场的交易标的不同，电力市场交易的是电能量，以及相关的电力辅助服务；碳市场交易标的是由政府分配的碳配额。第三，两个市场有各自的政策、管理和交易体系，交易流程、管理运作都截然不同，且市场设计都有各自的考虑。第四，两个市场的交易方式不同，电力市场包括中长期交易、现货交易，以及新兴的辅助服务交易等，可以开展年度、月度、日前、实时等多个时间周期的连续交易；碳市场可以不连续交易，并且从目前交易现状看，碳市场的交易主要集中于履约截止日期之前1～2个月，而全年其他时段交易较为冷清。

此外，碳市场与其他市场在一些具体的制度机制方面存在接口，如规则接口、数据接口需要进一步衔接。例如，在绿电认证方面，目前由于电、碳

---

① 范欣宇.2023年我国用能权交易市场进展情况和政策建议.［EB/OL］.（2024-02-27）［2024-03-25］.https://iigf.cufe.edu.cn/info/1012/8463.htm.

② 有观点认为，碳市场属于环境权益市场的一种。由于本书研究重点是对比碳市场与其他市场，所以对碳市场与环境权益市场并列描述。

市场的协同机制不完善，绿证与CCER、绿色权益与碳核查如何衔接尚未明晰，参与主体在决策时有很多疑惑，存在环境权益的重复计算、重复激励问题。又如，在数据交互方面，电力市场的生产、交易、结算等数据都已实现实时采集、存储和处理，绿电交易方面也探索区块链技术来实现绿电的可追溯和可划转。而碳市场数据一般是在基准线确定后，事后计算得出，目前很难实现与其他市场在数据共享和交互方面的衔接。

二、市场价格传导不畅，影响价格信号发挥作用

碳价向能源价格及其他价格的传导，是发挥碳定价激励约束作用，促进碳减排的关键，但是目前碳定价与其他能源环境体制机制在价格传导方面存在不足，主要表现在以下方面。

一是碳价本身价格水平较低，波动幅度较小。由于碳市场目前交易规模较小，交易并不十分活跃，成交量分布存在明显的履约驱动现象，碳价也没有出现大幅度的暴涨暴跌。全国碳市场启动1周年中，大宗协议交易成交占比约八成，换手率不到5%，而欧盟碳市场换手率甚至高达500%；成交价最低报42元/吨，最高报61.38元/吨，价格呈稳中有升态势。据本书课题组调研，目前的碳价水平对发电企业的行为决策影响不大，这就对电价很难有显著的影响。

二是碳市场仅覆盖部分行业，碳税尚未实施，碳定价对煤炭、油气等其他能源价格传导有限。目前全国碳市场仅纳入发电行业，而区域碳市场虽然纳入了多个行业，但是试点范围有限。所以碳价对煤炭、油气等其他能源行业，以及社会经济中的各类行业，价格传导链条长、作用有限。未来随着碳市场覆盖更多的行业和地区，以及碳市场交易活跃、碳价更好地反映碳排放的社会成本和碳市场供需情况时，碳价向能源价格、其他价格的传导作用才能加强。

三是从价格机制来看，碳价到其他价格的传导机制有待更好衔接。从目前的能源价格形成机制来看，竞争性环节价格有序放开。煤炭价格方面，煤炭中长期合同制度不断健全，由市场形成煤炭价格的机制不断优化，“基准价+浮动价”价格机制得到广泛认可，签约履约率稳步提升，产运需各方有效衔接。同时，煤炭价格市场预期管理进一步优化，加强了煤、电市场监管等措施，健全了煤炭价格调控机制。电力价格方面，公益性以外的发售电价格分步推动由市场形成，电力用户或售电主体可与发电企业通过市场化方式确定交易价格。燃煤发电上网电价实行“基准价+上下浮动”的市场化价格机制。新建风电、光伏发电项目上网电价稳步推进以竞争性招标方式确定。跨省跨区送电价格按照“风险共担、利益共享”原则协商或通过市场化方式形成。油气价格方面，原油价格市场化形成，成品油价格采取与国际油价的挂钩机制，根据挂靠油种和调控程序，在调价周期进行相应调整。天然气价格市场化改革稳步推进，增量气价格一步调整到与可替代能源价格保持合理比价的水平，存量气价格计划分三步调整，于2015年4月实现存量气和增量气门站价格并轨，全面理顺非居民用气价格。非常规天然气价格、液化天然气气源价格、直供用户用气价格、化肥用气价格、储气设施相关价格等都已经放开由市场决定，下一步将稳步推进天然气门站价格市场化改革，完善终端销售价格与采购成本联动机制，探索推进终端用户销售价格市场化。

在价格完全由市场形成的情况下，碳价到能源价格的传导机制是通过影响不同经营主体的成本和收益来实现。例如，碳价到煤炭价格的传导，需要通过影响煤炭供需两侧经营主体的成本和收益来实现，而目前由于碳市场覆盖行业和地区有限，价格传导比较有限。

而在价格并未完全市场化的情况下，碳价到能源价格的传导机制则较为复杂，不仅取决于其对经营主体成本收益和经济决策的影响，还取决于成本在各环节的疏导，以及政策决定的价格调整空间。以电价为例，目前发电行业已经纳入全国碳市场，对于重点排放单位而言，碳市场形成的碳价已经能够影响发电企业的成本和收益，如：火电企业的收益构成=电能量收益+系统调节/容量收益-碳排放成本（消纳责任）。但是，燃煤发电市场交易价格上下浮动原则上均不超过20%，使得碳价到电价的传导有了浮动区间的限制。在目前的碳价水平下，这个区间尚不构成硬约束，但未来随着碳价的波动，可能在机制上会影响价格传导。

三、作用范围交错重叠，可能造成激励约束作用冗余或抵消

从碳定价与其他能源环境政策机制的作用范围来看，受市场建设和改革进程影响，不论是作用主体，还是覆盖行业、实施区域，都存在一定的交错重叠，这就使得部分行业、区域、经营主体面临多种政策激励约束，易造成政策作用的重叠、冗余或者抵消；也有一些行业、区域、经营主体目前不受政策激励约束，可能影响其碳减排的效果，也易带来行业、区域间的不公平问题。

第一，碳定价与其他能源环境政策机制在作用主体方面存在很多重叠，这就使得这些经营主体同时受多种政策激励约束，需要满足不同的政策要求，易带来行政成本和企业交易成本的上升。例如，对于火电企业而言，很可能同属于重点排放单位、重点用能单位、重点排污单位，作为不同名录的交集，需要满足多种履约或考核要求。同时，这些政策要求尚不能很好衔接，企业在数据采集监测、材料准备、履约程序等方面，需要进行多套相似却不能合力省力的工作。

第二，碳定价与其他能源环境政策机制在作用行业方面也存在一些重叠，这使得有些行业面临多种政策激励约束，而有的行业则处于相对宽松的监管环境。从目前全国和区域碳市场的覆盖行业来看，全国碳市场仅覆盖发电行业，主要包括发电企业和一些行业的自备电厂。而从区域碳市场来看，不同

地区覆盖的行业存在差别，这与地区的产业结构关系较大（见表2-2）。

第三，与行业相似，区域之间也面临着松紧不同的激励约束政策。这个差异有多重来源，包括地方碳市场覆盖区域的差异、能源电力市场体系中区域市场建设和市场规则的差异、环境权益市场体系中地方市场建设和市场规则的差异，以及一些资源环境激励约束政策在不同区域的差异，例如，京津冀及周边重点区域“2+36”城市在大气污染防治中的区域性政策就是其他区域所没有的。

由于碳定价与其他能源环境政策机制在作用范围上交错重叠，可能造成激励约束作用冗余或抵消。

第一，碳定价工具与其他政策机制之间存在激励约束作用的叠加，可能造成作用冗余。以碳定价工具和节能政策为例，碳市场覆盖的重点排放单位与节能政策所作用的重点用能单位存在范围的重叠。对于交集中的用能企业而言，碳市场和碳税会对其用能和碳排放行为进行约束，而能源“双控”政策等节能政策会对其能源消费总量和强度均进行约束。“两个政策的实施均能够促进另外一个政策目标的实现，不影响彼此的有效性。由于一个政策的实施可能导致另外一个政策变为‘冗余’以及节能政策的实施导致碳市场所提供的灵活性不能被充分发挥，因此两个政策对于彼此的成本效益有明显的负面影响，两个政策的实施实际上也存在着相互之间的竞争。”①

第二，碳定价工具与其他政策机制之间存在激励约束作用的冲突，可能造成作用抵消。以碳定价工具和化石能源补贴为例，无论是碳交易还是碳税，都是要增加碳排放行为的经济成本，从而起到促进碳减排的效果。而化石能源补贴特别是低效化石能源补贴，或降低消费化石能源的成本，或增加生产化石能源的收益，可能会增加化石能源生产和消费从而增加碳排放。这两类

① 段茂盛. 全国碳排放权交易体系与节能和可再生能源政策的协调［J］. 环境经济研究，2018，3（2）：1-10.

政策工具和机制，存在激励约束作用的冲突。低效化石能源补贴政策，会抵消碳定价工具促进碳减排的部分效果。

四、风险管理协同不足，可能影响安全有序降碳及能源安全

统筹碳定价工具和能源环境体制机制，需要处理好发展、减排和安全三者的关系。碳定价工具和能源环境体制机制涉及能源、环境、生态等多个领域，同时也对整个社会经济发展和生产生活都会产生传导影响，所以两者的统筹协调，一方面要全面把握和重视相关领域的风险溢出和风险关联，另一方面要加强风险管理协同，目前这两方面都需要进一步提升。

一是多领域安全风险错综复杂，对碳定价工具和能源环境体制机制统筹协调带来了新的挑战。一方面，当前全球大宗商品价格和能源价格持续上涨，国外通胀压力激增。碳定价可能形成二氧化碳→能源→实体经济的成本传导链条，对降成本、控通胀和稳增长产生影响，也可能对相关产业的发展产生影响，这就需要有对整个经济系统的协同评估，需要进行风险压力测试。另一方面，当前全球地缘政治和能源市场动荡加剧，保障能源安全稳定供应至关重要。能源领域是碳定价的主要作用领域，碳定价需要与能源环境机制相配合，要考虑到我国的基本国情和能源要素禀赋，还有保供的现实要求，避免对部分能源品种形成过重的负担，影响能源安全稳定供应，也要避免对部分能源品种的促进作用不足，影响减碳效果。

二是碳定价与能源环境机制的风险管理衔接不够，可能引起风险互相传导。能源市场和能源价格的风险管理受到较多重视，不论是政府层面的风险监测、防范和应对，还是企业层面的市场风险管理，都对能源价格的剧烈波动进行了风险考量。然而，碳定价工具的设计，如碳市场的设计，目前对风险管理考虑较少。第一，目前我国碳市场和能源市场的联动性不强，这与我国电力行业火电资产的集中程度以及能源市场的发展阶段有关。未来随着碳

市场和能源市场联动性的增强，以及钢铁、有色金属等更多行业纳入碳市场后，碳市场与其他市场联动性增强，不同市场的波动很可能带来风险溢出和传导。以欧洲为例，电价已经出现持续快速上涨，而碳价是推高电价的因素之一，为应对电价飙升，目前已经引发碳价限价讨论，如把欧盟碳价冻结在30欧元/吨价位至少1年。风险管理是市场体系的重要组成，碳市场和能源市场联动性的增强和波动性的上升，也对碳市场的风险管理提出更高要求。第二，对于企业而言，目前仅有部分企业设立了碳资产管理部门，大多数企业都没有对碳市场引入后风险管理如何调整进行提前部署。未来随着碳市场交易规模的扩大、品种的丰富、衍生品的引入等，可能会在风险冲击时出现过度投机和多市场价格的暴涨暴跌，这就对企业面向多市场的风险管理制度建设提出了更高要求。

第四节　统筹推进碳定价与能源环境体制机制改革创新的方向和重点任务

一、统筹协调相关市场建设与运行，重点加强碳市场与电力市场协同

加强碳市场与能源市场、环境权益市场、金融市场等相关市场建设的衔接协调。以统一、开放、竞争、有序的原则为指引，以高标准市场体系建设要求为导向，统筹协调各类市场建设与运行，继续稳步推进能源市场化改革和市场体系建设，加强和完善环境权益市场建设。统筹考虑改革的目标导向和不同阶段，加强碳市场与其他市场建设的目标协同和路径协同，近中期结合碳达峰目标和能源电力市场化改革进展，重点加强碳市场与能源市场特别

是电力市场的协同，考虑适时适当扩大全国碳市场行业覆盖范围。中长期结合碳中和目标和全国统一大市场建设进展，全方位加强碳市场与其他市场的协同配合。

一是重点加强碳市场与电力市场协同。通过碳市场和电力市场的共同调节，一方面促进电力供需平衡，保障电力安全稳定供应；另一方面促进能源电力系统绿色低碳转型，利用市场机制优化资源配置，实现“双碳”目标。结合碳市场和电力市场建设进程，全面加强两个市场在政策耦合、价格机制、绿色认证、数据信息共享等方面的衔接协同。具体而言，在政策耦合方面，要加强碳市场和电力市场在目标任务、建设进程、市场机制作用等方面的协调配合，围绕“双碳”目标和市场化改革的总体要求，在两个市场的顶层设计、制度规则制定、交易平台等方面，加强协同发展的考虑，推动两个市场形成合力。在数据联通方面，要构建统一规范的碳排放核算体系，加强两个市场的数据和信息联通，探索电力市场大数据在碳市场和碳金融方面的应用。

二是重点加强碳市场和绿证市场、绿电交易等的衔接。由于碳市场和绿证市场是两个平行运行的市场，要加强两个系统的信息互通，避免环境权益的重复激励和重复考核。推进绿电消费证明与碳市场的贯通，对于纳入碳市场的控排企业，优化外购电力碳排放核算方法，根据绿电消费证明，计算出反映绿电消费所占比例的精细化排放因子，实现绿电环境属性和碳减排价值的统一。

二、完善能源价格形成机制，重点加强碳价到能源价格乃至其他价格的传导

一是进一步完善能源价格形成机制。深入稳妥推进能源交易市场化改革，既使能源价格反映市场供求关系，还原能源商品属性，又充分研究论证社会承受能力，完善配套民生保障措施。加强绿色低碳导向，与资源环境税费改

革相配合，使能源价格能真实、全面、及时地反映资源稀缺、环境成本、代际公平、生态价值，促进节能降碳。理顺能源品种之间、上中下游市场和行业之间价格机制的有效衔接，建立传导顺畅的市场化价格形成机制。

二是进一步完善碳市场等碳定价工具。积极培育碳市场体系建设，完善市场制度和市场环境，稳步扩大碳市场覆盖范围，引入多元化交易主体，丰富交易品种，使碳价运行在合理水平。充分研究论证引入碳税的可行性和具体方式。

三是逐步健全碳价和电价的传导机制。丰富碳成本多元化疏导机制，考虑建立相应补偿配套机制，避免碳成本过度推升电价。加强电力市场产业链上下游的有效衔接，打通价格传导的堵点难点，完善一次能源到电能的价格传导，合理疏导新型电力系统下的系统成本。优化电-碳市场的利益分配格局，促进两个市场有效融合，使得火电企业、新能源企业可以通过电力市场、碳市场实现共赢和健康发展。例如，火电企业在电力辅助服务市场中，通过提供辅助服务，增加收入，一定程度对冲碳成本，实现电力系统灵活性和碳排放外部性内部化的双赢。新能源企业，通过绿电交易、绿证交易获得环境收益，未来在碳市场中更多获益，用于支付因新能源波动性需承担的辅助服务成本。

三、加强政策间协调配合，理顺政策叠加的激励约束效果

一是梳理并且妥善解决不同政策之间的重叠、冗余和冲突问题。围绕碳定价工具和相关能源环境政策机制，专项梳理存在政策作用重叠、冗余、冲突的政策清单，在此基础上，有的放矢、逐一研究论证和妥善解决。例如，针对碳定价与低效化石能源补贴作用抵消问题，逐步推进低效化石能源补贴的退坡和退出。针对碳定价与节能政策机制，如能耗双控制度作用重叠问题，探索推进从能源消费总量和强度双控转向碳排放总量和强度双控。针对碳定

价与可再生能源相关政策作用交织问题，系统优化各类可再生能源政策，在碳定价工具的设计中，进一步明晰可再生能源参与的机制和途径。

二是加强不同政策实施中的衔接。统筹优化不同政策机制在数据采集统计、指标核算、统计考核、报送实施等方面的程序和要求，标准、规则、流程等要尽量统一、简洁，提高行政效能。对于同时处于多项政策机制作用对象交集的行业企业，要切实减轻企业负担，优化服务。加强能力建设，针对行政管理部门、相关企业、第三方机构、交易机构等不同的对象，制定系统的培训计划，组织开展分层次的培训，重点培训讲师队伍和专业技术人才队伍，并发挥试点地区帮扶带作用，为碳定价的发展及其与相关政策的衔接提供人员保障。

三是适时逐步扩大全国碳市场覆盖范围。统筹考虑碳市场的建设进度，考虑到火电企业同质化高、减排成本差异不大，适时、稳妥纳入钢铁、水泥等高耗能、高排放行业，科学合理地设定碳配额的行业间分配原则和基准线，避免某一行业同时承受多项约束性政策的累加，而其他行业的约束较为宽松，影响减排责任的公平和减排成本的分担。

四、加强完善监测预测预警，探索风险协同管理机制

一是探索碳、能源、环境、市场多领域联合监测预警，建立健全监测预警协作机制。在信息监测方面，构建能源运行主管部门与经济运行、市场监管、生态环保、国土资源、气象地理等主管部门的沟通联络机制和联络平台，及时获取和综合分析相关数据信息。在预测预警方面，构建碳、能源、环境、市场多领域联合监测预警的体系框架，按照全面性、动态性、可行性、前瞻性、敏感性等导向，设置预测预警的目标、指标、方法和预期产出。在预警发布和风险处置方面，在条件具备的情况下，建立联合监测预警的实施机构和政务互动平台，健全信息通报和反馈机制，确保相关信息有效对接，并定

期向社会发布监测预警信息，根据监测预警信息制定相应的应急处置方案和应急保障机制。

二是探索建立风险防控协同联动机制。在碳市场中，借鉴欧盟和我国试点碳市场经验，逐步建立基于配额的市场调节和储备机制，建立配额投放和回购机制，防范因碳价剧烈波动带来的潜在风险。探索建立碳市场与能源电力市场、环境权益市场、金融市场等相关市场风险防控协同联动机制，加强碳市场与相关市场的风险识别，对风险的不同类别进行分类，开展市场风险系统评估，对风险因素及其可能带来的跨市场传导和系统性风险进行评估分析，细化制定风险联防联控方案和防范处置机制。

第六章
统筹完善国内碳定价与跨国碳定价

第一节 跨国碳定价对我国的影响分析框架

跨国碳定价通过多种方式影响我国参与国际贸易及产业竞争。从碳关税看，一是碳关税的均衡机制，通过增加出口商品成本和价格，基于不同的价格弹性，碳关税可以降低进口国需求，增加出口国成本，影响低耗能产品和高耗能产品的供求曲线。二是碳关税在影响高耗能产品需求的基础上，可能形成碳减排的全球福利效应。各国内部的碳定价与碳关税共同作用于进口国需求，继而降低全球碳外部性。三是碳关税的贸易壁垒本质，可能减少出口规模，恶化出口贸易条件，增加出口产品碳成本，削弱出口产品成本竞争力和产业低碳竞争力。相关研究分析显示（周长荣，2014），碳关税增加了没有承担温室气体减排责任国家的产品成本，短期内会抑制发展中国家部分产品的贸易数量，恶化贸易条件，从而提高发达国家国内相似产品的竞争力。

本章以欧盟CBAM为重点研究对象，以碳中和路径下分阶段、分行业CBAM成本出发，分析其产生的影响。本章的研究分析主要依据为2022年3月15日欧盟理事会通过的CBAM监管草案协议。根据欧盟提出的CBAM计算方法可知，其成本的高低由进口费率、进口产品规模、进口产品隐含碳排放强度三方面关键要素共同决定。其中进口费率的主要影响因素为欧盟与我国的碳价差异，进口产品隐含碳排放强度主要由出口国的能源系统低碳转型进度和生产技术决定。据此，欧盟碳边境调节机制的成本测算总体逻辑可以简要描述为：

$$\text{CBAM总税负成本} = \sum(\text{欧盟碳价} - \text{国内碳价}) \times \text{出口产品单位隐含碳排放量} \times \text{出口规模}$$

为分析所涉出口产品的范围、碳价差异、能源结构差异、隐含碳排放量差异，以及最终测算征收成本，提出影响分析框架如图6-1所示。

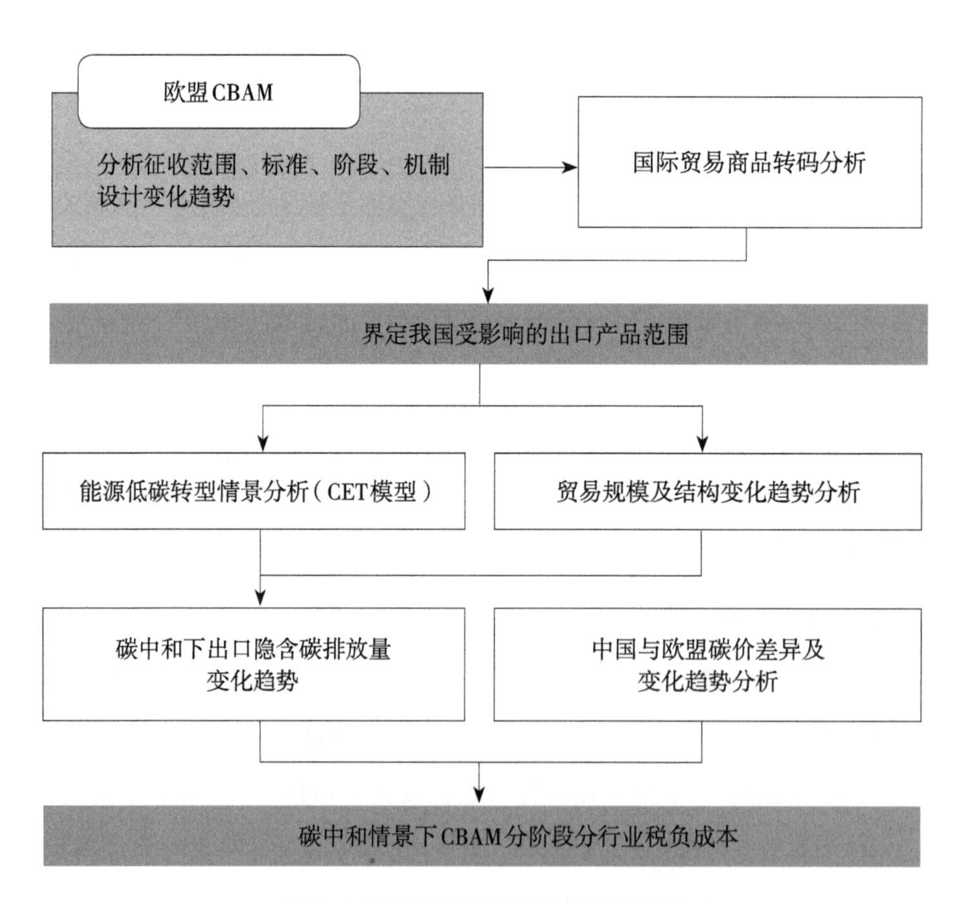

图6-1　欧盟CBAM影响分析总体框架

CBAM监管草案协议所针对的CBAM征收对象按照欧盟统计体系的NACE清单界定，为将此清单精确对应至我国受影响的出口产品清单，并符合我国采纳的HS商品统计标准，本章根据CBAM监管草案协议发布的征收范围清单，按照NACE、ISIC、CPS、HS清单开展转码分析（见表6-1），将欧盟贸易框架下的进口产品对应到我国出口产品的标准海关编码，界定受影响产业产品清单。

表6-1　欧盟“碳泄漏”清单对应我国出口产品清单界定参考文件

清单名称	发布机构	文件版本
NACE	欧盟统计局	NACE Rev.2
ISIC	联合国经济和社会事务部	ISIC Rev.4
CPC	联合国经济和社会事务部	CPC Ver2.1
HS	世界海关组织	HS 2017

资料来源：根据欧盟、联合国、海关总署相关文件整理。

跨国碳定价的系统成本主要取决于能源系统的碳排放量。为分析我国未来碳关税的暴露风险，本章采取国家发展改革委能源研究所的中国能源转型模型（CET）对碳中和目标下中国能源系统低碳发展趋势进行分析。中国能源转型模型是一项能源系统模型，由各能源部门的多项子模型工具互联组成，包括中国终端能源需求分析模型、中国区域电力和供热优化部署模型、中国能源经济社会评价模型等（见图6-2）。该系统整合了政策信息和行业数据分析，基于全社会效益最大化准则，实现技术经济评价、能源系统优化、政策措施及经济社会评价、能源外部性分析等，旨在支持数据决策。

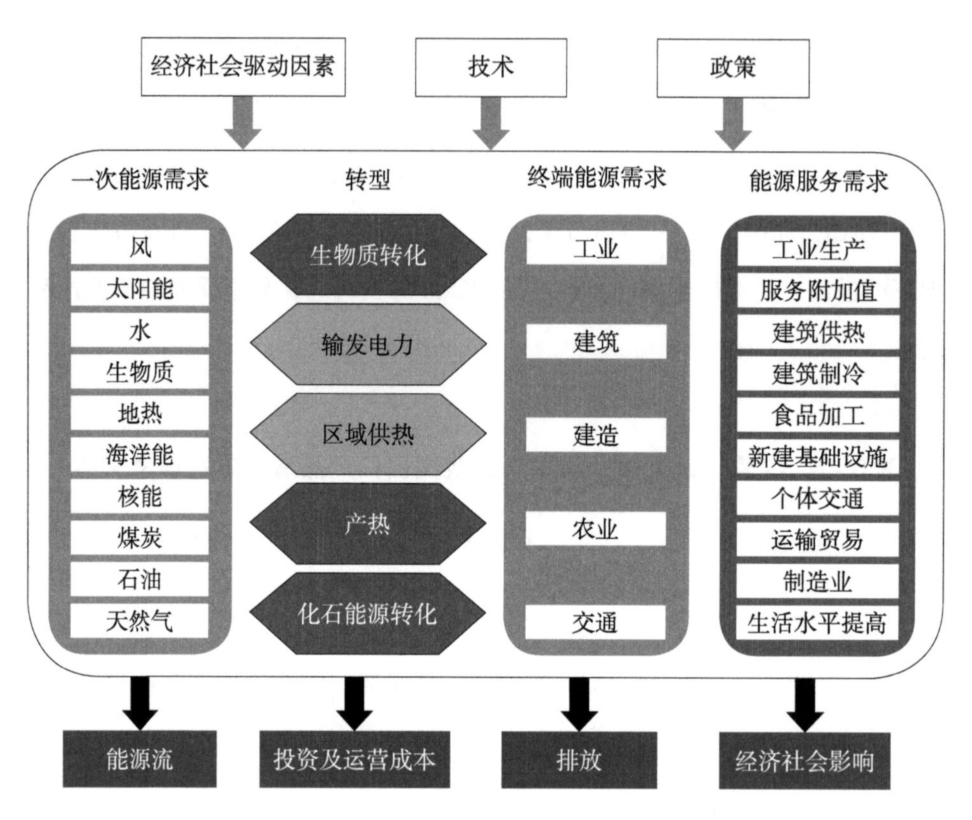

图6-2　中国能源转型模型系统主要架构

终端能源需求分析模型是长期能源替代规划模型（LEAP）的一部分，LEAP是一个自下而上的模型，旨在分析满足终端用户用能需求的情景，包含终端能源需求预测模块与能源加工转换预测模块。LEAP中，通过宏观经济、人口、城镇化等关键经济发展指标，工业、建筑、交通等终端部门用能特性，驱动每个子部门的关键活动水平发展，并分析提出终端部门的能源消费量变化。模型整合相关驱动因素与假设、终端用能行为特征变化，转化为能源消费。上游炼化等在内的资源开发活动、区域供热和电力以外的能源加工转换部门情况，也涵盖于LEAP模拟中。

区域电力和供热优化部署模型（EDO）是基于Balmorel模型开发的区域电力和区域供热系统优化模型。EDO包括了火电（含热电联产）、风电、太阳能发电（含聚焦式太阳能发电CSP）、水电、储能、储热、供热锅炉、热泵等技术。EDO考虑了省际电网限制和扩容选择，主要在省级层面上呈现电力系统及其他各行业的需求灵活性、电动车充电的选择以及与区域供热部门完全一体化耦合等。EDO可以呈现中国电力系统每小时的调度情况，包括热电厂和跨省输电的技术限制，以及基于边际成本最优的省级、区域或国家级电力市场的调度情况。其关键特征为负荷及供应可变性（例如间歇性可再生能源）的详细描述，以及在装机增长模式下，优化运行及高效部署的灵活性潜力。

以上两种模型的结果在综合集成工具中加以整合，即将EDO中电力和区域供热系统的能源消费，与LEAP中终端部门及其他转换环节的直接消费相结合，最终得到能源系统变化的全貌。

第二节　碳中和目标下碳价和影响因素发展展望

一、碳价水平及变化趋势

外部碳定价机制对我国的影响取决于全球净零排放路径下，相关国家在碳价差距、能源低碳转型进度、贸易结构变化等关键变量的比较优势。全球净零排放路径下，随着我国能源转型步伐加快，我国与发达国家在碳价、度电碳强度、出口碳强度方面的差距将逐步缩小，但受限于发展阶段与政策手段的选择，碳减排成本差异将长期存在。

从碳价看，当前我国碳价在G20国家中处于偏低水平。据OECD数据，2021年，G20国家平均碳价水平为18.71欧元/吨，我国为8.59欧元/吨，排在第15位，不足英国的1/10、日本的1/3、美国的60%（见表6-2）。

表6-2　G20国家碳价水平与覆盖范围（2018年、2021年）

国家（按碳价水平排序）	2021年		2018年	
	碳价水平/（EUR/tCO_2）	碳价覆盖排放比重/%	碳价水平/（EUR/tCO_2）	碳价覆盖排放比重/%
英国	96.0	68.3	88.0	68.3
意大利	94.0	85.1	85.0	85.1
法国	93.1	78.6	89.4	78.6
德国	78.2	88.1	57.5	86.9
韩国	43.0	96.5	48.1	96.5
加拿大	40.5	88.2	27.0	76.0
日本	31.6	78.6	29.6	78.6
墨西哥	26.6	58.1	30.9	55.5
阿根廷	23.7	74.9	43.3	74.3
土耳其	22.5	38.8	40.7	38.8
澳大利亚	19.2	22.4	20.4	22.4
南非	17.6	41.6	18.9	14.3
美国	15.2	38.4	14.5	37.5
印度	14.4	58.1	10.1	58.1
中国	8.59	47.5	6.9	18.8
俄罗斯	5.6	13.7	5.1	13.7
印度尼西亚	1.4	19.3	1.5	19.3
巴西	0.6	7.7	0.9	7.7

资料来源：根据2022年OECD数据测算。
注：碳价水平含碳交易、碳税等显性碳价。

全国碳市场制度设计、价格水平和活跃程度均与欧盟存在差异（见表

6–3）。一是制度设计不同。全国碳市场是在碳排放仍未达峰背景下启动的强度控制型市场，而欧盟碳市场是在碳排放整体达峰背景下的总量控制型市场。二是价格水平差异较大。2023年全国碳市场平均价格为9.65美元/吨，而欧盟碳市场年均价格达90.25美元/吨，是我国碳市场价格的9.4倍。三是市场活跃程度较低。我国碳市场为现货型市场，每年仅在履约截止日期附近交易量较大，平时交易量较少。欧盟碳市场以期货市场交易为主，市场活跃度高，每年交易量巨大。

表6–3　中国与欧盟碳市场运行情况比较（2023年）

类别	中国：全国碳市场	欧盟：EU ETS
碳配额总量/亿吨碳	约50	14.1
全年交易量/亿吨碳	2.12	75.1
全年交易额	144.4亿元 （约合20.5亿美元）	6228亿欧元 （约合6714亿美元）

资料来源：根据EU ETS、北京绿色交易所等数据整理。

目前全球各地区碳价水平不足以实现全球净零排放目标，预计未来中外碳价差距逐步缩小，但长期存在。根据世界银行数据，目前全球只有3.76%的碳排放量被高于40美元/吨的碳价涵盖（实现《巴黎协定》标准的2020年碳价最低值）。理想情况下，我国碳价应当逐步提升至将碳中和目标所需的边际减排成本完全内部化，与欧盟碳价差异逐步缩小。但实际政策设计将受限于经济社会对碳成本提升的承受能力、碳减排与经济增长之间的矛盾等因素。此外，减排责任与国情的不同，将导致全球净零排放路径下中外碳价差异长期存在。本章经对比国内外对我国碳市场发展、碳中和路径下碳减排成本需求的相关研究，以及对欧盟ETS的碳价预测的相关研究，提出碳价差异变化趋势如图6–3所示。

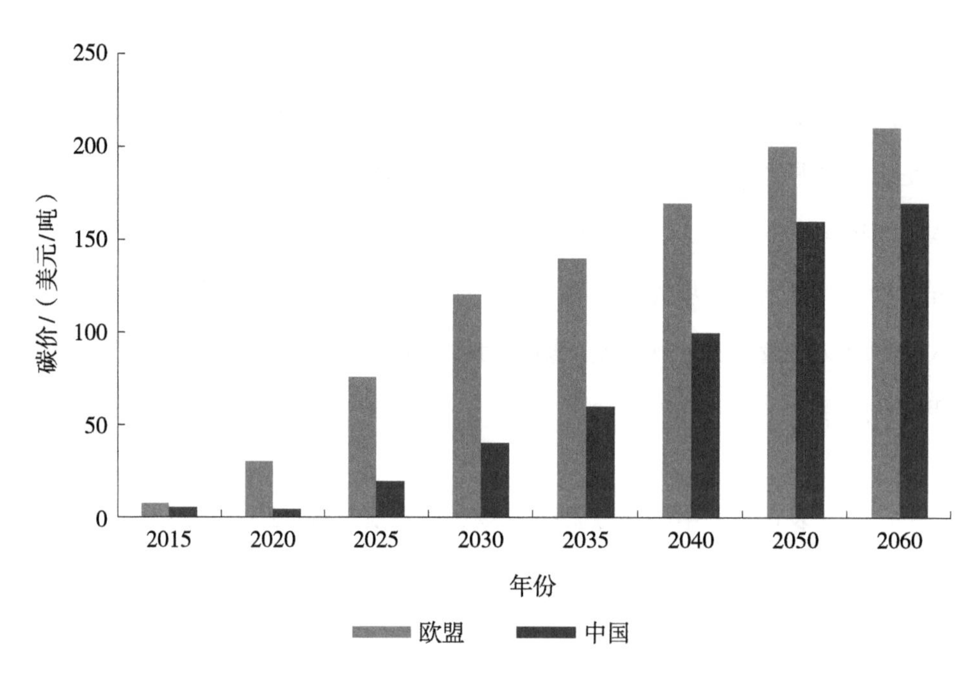

图6-3　碳中和路径下中国与欧盟碳价需求趋势（2015—2060年）

资料来源：根据国家发展改革委能源研究所、IEA相关研究设定。
注：2015—2020年为历史数据。

二、能源低碳转型进度及变化趋势

从低碳转型进度看，我国呈现新能源发展优势与排放责任双高特征。我国目前引领全球新能源产业发展与能源转型，实现碳中和的年均减排量将远超美欧。但同时，我国也是目前最大的碳排放国，年新增排放量约为美国的两倍，总减碳成本远大于发达国家。2020年中美欧能源低碳转型关键指标对比见表6-4。

表6-4　2020年中美欧能源低碳转型关键指标对比

关键指标	中国	美国	欧洲	全球
非化石能源在一次能源消费总量占比/%	15.7	18.3	28.8	16.9

续表

关键指标	中国	美国	欧洲	全球
年均增速（2010—2020年）/%	7.2	2.7	2.8	2.3
风电装机总量/吉瓦	282	117.7	216.6	733.3
年均增速（2010—2020年）/%	25.3	11.6	9.6	15.0
光伏装机总量/吉瓦	253.8	73.8	167.8	707.5
年均增速（2010—2020年）/%	73.6	43.2	18.7	33.2
新能源汽车保有量/万辆	492	177	224*	1090
能源转型投资/亿美元	1350	1660	850	5013
能源相关碳排放总量/亿吨碳	99	46	24.3	320

资料来源：根据国际能源署、世界银行、BP（英国石油公司）、行业机构等数据测算。*此数据为欧盟数据。

一是在生产端推动低碳化，我国引领全球可再生能源发展，水、风、光装机规模全球领先。2020年，我国可再生能源发电装机达到9.34亿千瓦，占全球总量近1/3，连续16年装机规模稳居全球第一位，规模较2005年增长了近7倍，年均增速14%，在全国总装机容量中的占比由2005年的23%提升至43%。截至2020年底，我国风电累计装机容量超过2.8亿千瓦，光伏累计装机容量超过2.5亿千瓦。2004年，我国水电装机容量超越美国跃居世界第一位。按国际可再生能源数据测算，2020年，我国风电累计装机规模为美国的2.6倍、欧洲的1.4倍；光伏累计装机规模为美国的3.4倍、欧洲的1.5倍。2010—2020年，我国风电、光伏装机规模年均增速分别高达25%和74%，美国分别为12%和43%，欧洲分别为10%和19%。我国可再生能源跨越式发展受益于政府不遗余力的政策推动和体系建设，包括颁布实施《中华人民共和国可再生能源法》，持续制定可再生能源中长期和五年规划体系，陆续完善可再生能源电力并网消纳政策，出台可再生能源电价政策，实施可再生能源电价附加费用分摊/补偿制度，设立可再生能源发展基金，发放可再生能源电价补贴等。

碳达峰碳中和目标提出以来，我国可再生能源发展进一步实现新的突破。2022年11月，《联合国气候变化框架公约》第二十七次缔约方大会（COP27）在埃及举行。时任中国气候变化事务特使解振华在出席活动时表示，2021年，我国非化石能源发电装机容量首次超过了煤电，可再生能源装机规模突破了10亿千瓦，达到11.2亿千瓦。风光发电量占总发电量比重首次超过了10%。过去10年，我国可再生能源发电装机容量保持年均13%的快速增长态势，比10年前增长了近3倍，占世界可再生能源装机总量的30%以上。水电、风电、光伏发电累计装机容量分别连续17年、12年和7年稳居全球首位；生物质发电装机容量连续4年稳居全球首位。可再生能源持续的跨越式发展，有力拉动了投资和就业。2021年，我国风电、光伏发电产业领域的就业人数达到260万人。可再生能源开发利用规模达到5.3亿吨标准煤，折合替代原煤10.5亿吨，相当于近3年我国煤炭年均进口量的3.5倍，同时减少二氧化碳、二氧化硫、氮氧化物排放量分别约达20.7亿吨、40万吨和45万吨，成为减污降碳和保障能源安全的坚实力量。可再生能源技术装备水平和经济性大幅提升，近10年来陆上风电和光伏发电项目单位千瓦平均造价分别下降30%和75%左右，光伏电池多种技术路线不断刷新电池转换效率世界纪录。我国可再生能源的大规模发展，为全球能源实现低成本、快速的低碳转型作出了历史性的贡献。[①]

二是在消费端推动电气化和清洁化，并行推进终端用能清洁替代与能效水平提升。工业方面，2021年，全国规模以上工业单位增加值能耗较上年下降了5.6%。交通方面，截至2022年6月，全国新能源汽车保有量达到1001万辆，首次超过了1000万辆大关；累计建成392万台充电桩，形成全球最大规模的充电基础设施，2025年将满足超过2000万辆电动车的充电需求。建筑方

① 齐琛冏.中国气候变化事务特使解振华：需各国携手应对当前气候危机与能源市场波动［EB/OL］.（2022-11-17）［2024-03-21］.https://energy.huanqiu.com/article/4AVNkQVe4xv.

面，2021年底，全国城镇新建绿色建筑占当年新建建筑面积比例达到84%。北方地区清洁取暖提前完成了规划目标，累计替代散煤超过1.5亿吨，有利降低$PM_{2.5}$浓度和改善空气质量。

三是我国引领能源转型投资，中美欧在新能源投资领域竞争激烈。据彭博数据，2020年，全球能源转型投资总额为5013亿美元，3035亿美元用于可再生能源领域。其中，欧洲投资为1662亿美元；我国为1348亿美元，占全球1/4，位居单一国家首位；美国为853亿美元。2021年上半年，全球可再生能源新增投资总额为1743亿美元。我国再次成为全球最大的可再生能源市场，2021年上半年共投资455亿美元，但与2020年同期相比下降了20%。美国、欧洲吸引投资分别为320亿美元和352.1亿美元。据Solar Power Europe（欧洲光伏产业协会）数据，2021年全球新增光伏装机容量达到163吉瓦，我国、美国和印度保持为最大的三个市场。此外，我国也是全球最大的电动汽车市场。截至2020年底，全国新能源汽车保有量492万辆，约为美国的2.8倍、欧洲的2.2倍；其中400万辆为纯电动汽车。

四是我国为降低全球低碳能源技术设备成本作出卓越贡献。我国光伏电池、新能源汽车和动力电池等新能源装备技术制造业快速发展，通过出口贸易促进了全球范围内可再生能源成本的下降。此外，我国也全面取消了新能源领域外资准入限制。

上述能源转型优势，将支撑我国加速缩小与欧盟的出口碳强度差异。根据商务部网站数据，2020年我国对欧盟出口产品的平均碳排放强度为0.89千克/美元，而欧盟对我国出口产品的平均排放强度仅为0.28千克/美元。提高生产技术并降低碳排放强度是未来减少我国碳关税相关成本负担的重要手段。经测算，随着能源转型进程深化，能效不断提升，高比例可再生能源加速普及，碳中和路径下，我国与欧盟、美国的度电碳强度差异将不断缩小（见图6-4）。

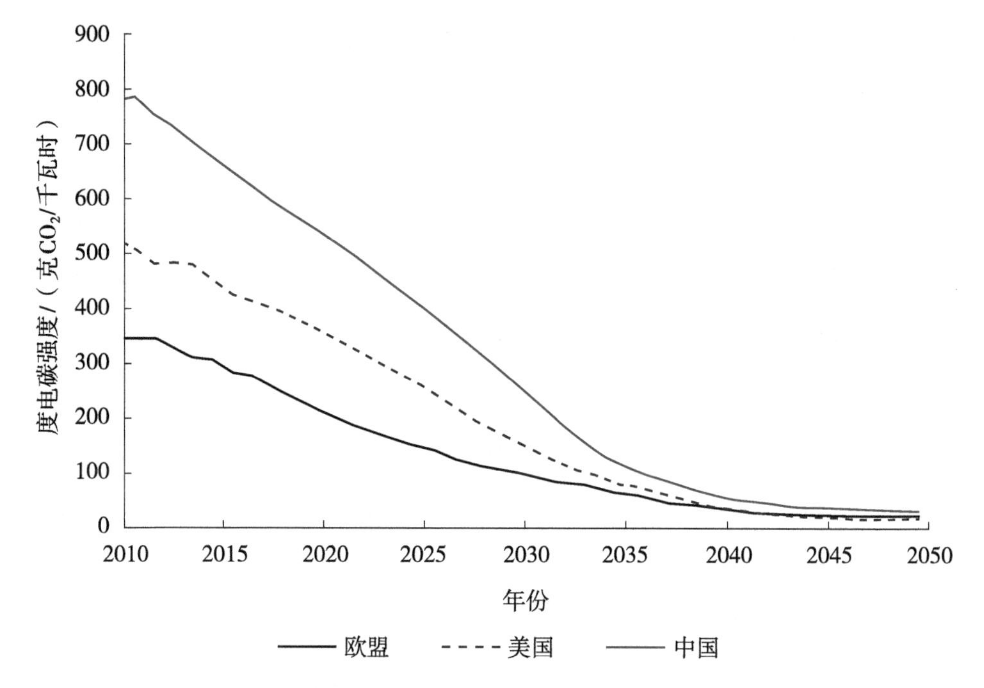

图6-4　碳中和路径下中美欧度电碳强度变化趋势（2010—2050年）

资料来源：根据国家发展改革委能源研究所、IEA能源展望模型测算。

综合来看，跨国碳定价机制一方面有助于我国高质量的新能源与减排项目在国际市场上获取额外收益，另一方面我国较大的碳排放规模也意味着承担更高的碳成本负担。这表明我国迫切需要实施合理的碳定价制度。目前，我国尚存在碳排放核算方法不完善、碳定价与价格传导机制不健全、经济社会成本评估不到位等基础制度问题，不仅制约了我国深度参与全球碳减排新型商业模式，也可能限制我国在全球绿色分工中的主动性。

三、贸易结构及变化趋势

CBAM的征收成本也很大程度上取决于我国贸易结构升级步伐。碳中和路径下，经济结构向高效能、低排放转型，有助于促进我国外贸结构升级。外贸行业的低碳转型能带来新的贸易增长点和就业机会，是实现我国未来出口保量提质和优化增效的关键支撑。据研究，碳中和路径下，2020—2050年能源系统需新增投资约100万亿元，年度新增投资占我国年度GDP的比重约为3.1%。相关研究（连平，2022）就碳中和对我国贸易结构升级的影响作出了分析。一是大规模绿色投资将拉动出口增长和带动居民就业，预计创造新增就业岗位可达200万个。二是碳中和将倒逼我国工业体系尤其是制造行业的革新，促使我国高碳行业改进技术、提高生产率，实现节能减排和优化升级。近年来，我国高碳产品出口增速逐步放低，低碳设备出口维持较高增速的趋势越来越明显（见图6-5、6-6）。三是碳中和将加快第三产业出口竞争力提升，促进我国从制造加工贸易转向知识服务贸易。总体上，能源低碳转型有助于推动我国出口贸易的方式转变和结构升级，近年来尽管出口隐含碳仍然维持

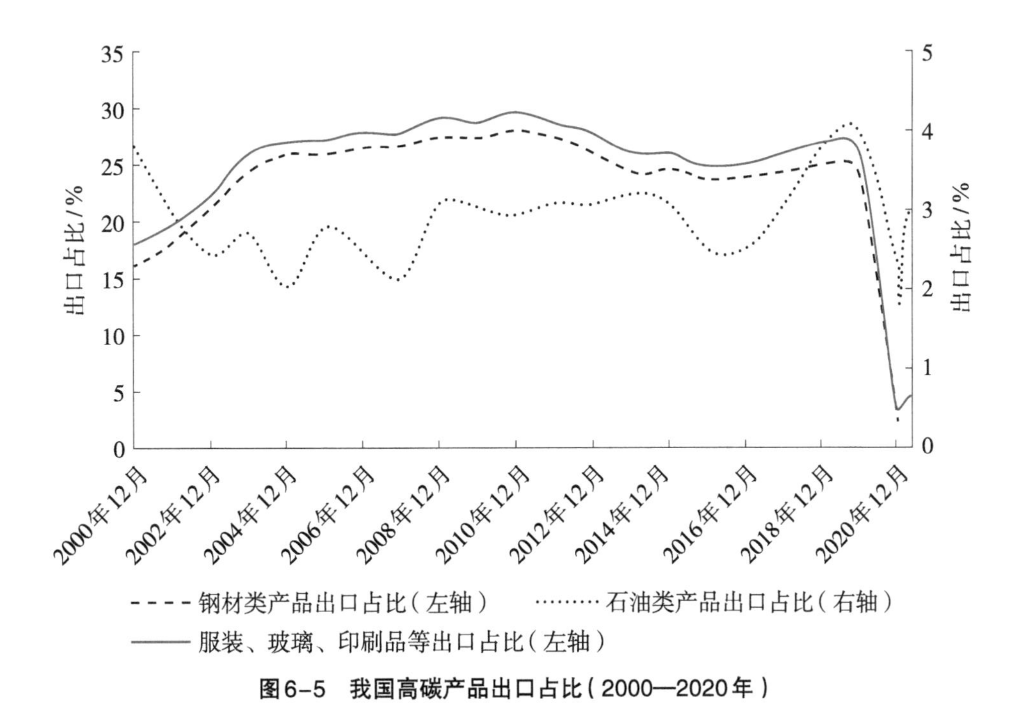

图6-5 我国高碳产品出口占比（2000—2020年）

资料来源：中国银行研究院．碳中和对我国进出口的影响与应对［R］．2021．

注：钢材类出口产品包括钢材、钢铁板材、钢铁管配件、钢铁或铜制标准紧固件、钢铁线材、机械设备等。石油类产品包括原油、成品油等。

在较高水平，但增速已明显下降（见图6-7、6-8）。

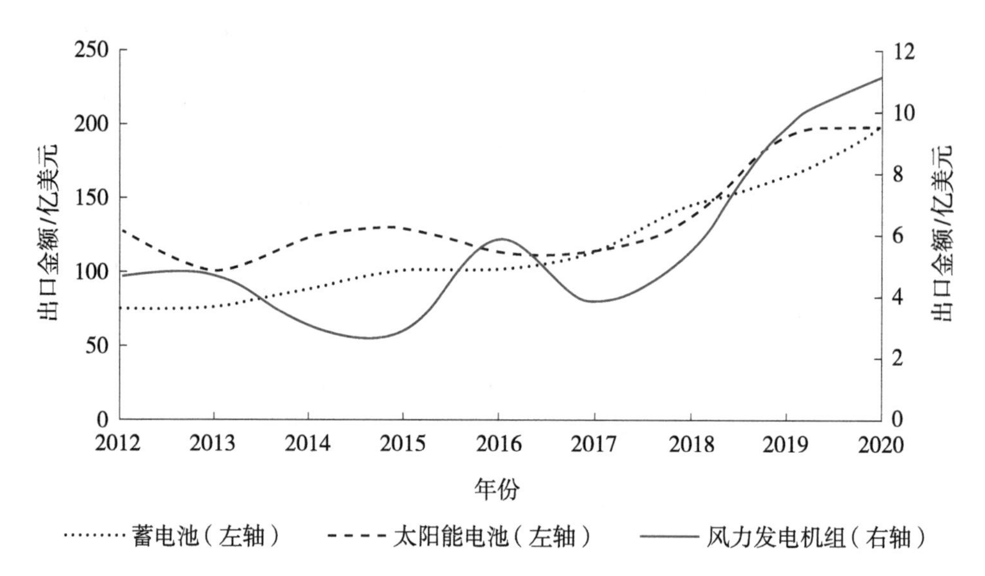

图6-6　我国新能源装备出口规模（2012—2020年）

资料来源：中国银行研究院．碳中和对我国进出口的影响与应对［R］．2021．

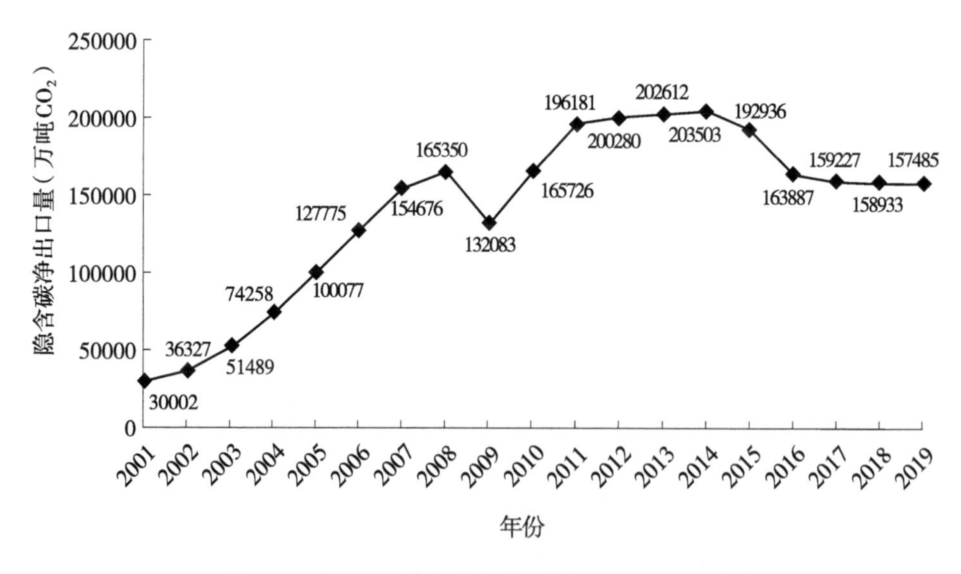

图6-7　我国贸易隐含碳净出口量（2001—2019年）

资料来源：张彬，李丽平，赵嘉，等．贸易隐含碳责任问题分析与驱动因素研究[J]．城市与环境研究，2021，(4)：61-75．

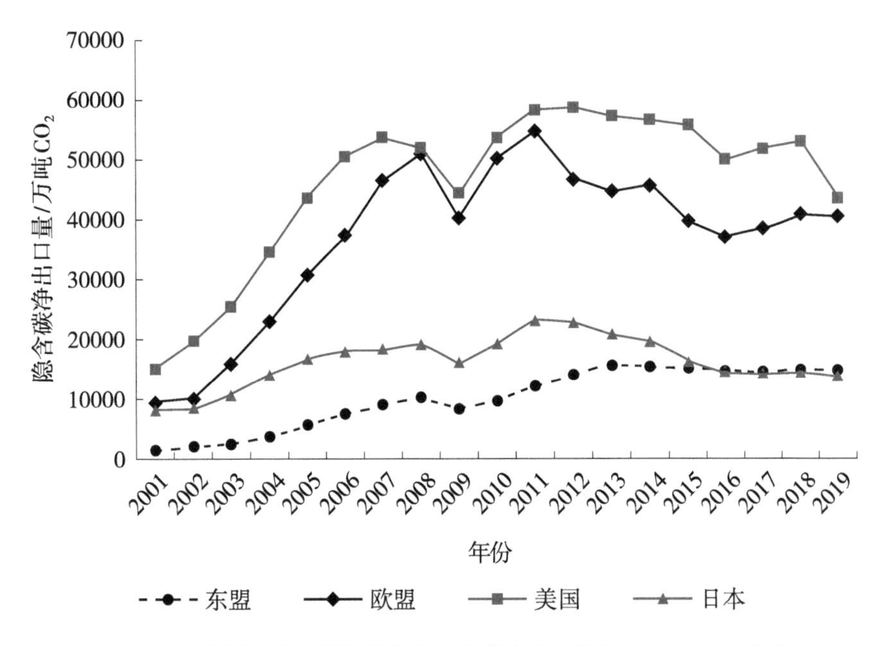

图6-8　我国与主要贸易伙伴间隐含碳净出口量（2001—2019年）

资料来源：张彬，李丽平，赵嘉，等.贸易隐含碳责任问题分析与驱动因素研究［J］.城市与环境研究，2021，(4)：61-75.

第三节　欧盟碳边境调节机制对我国的影响分析

一、CBAM政策工具设计

1.征收范围

欧盟CBAM监管方案于2023年10月1日启动，首先进行为期三年的过渡期（2023—2026年）。过渡期内，出口商仅有申报义务。过渡期后，CBAM将于2026年正式生效，2034年全面实施。这期间，CBAM将从各行业逐步进入，与之平行的改革方案为欧盟碳交易体系的免费配额会逐步退出（见图6-9）。

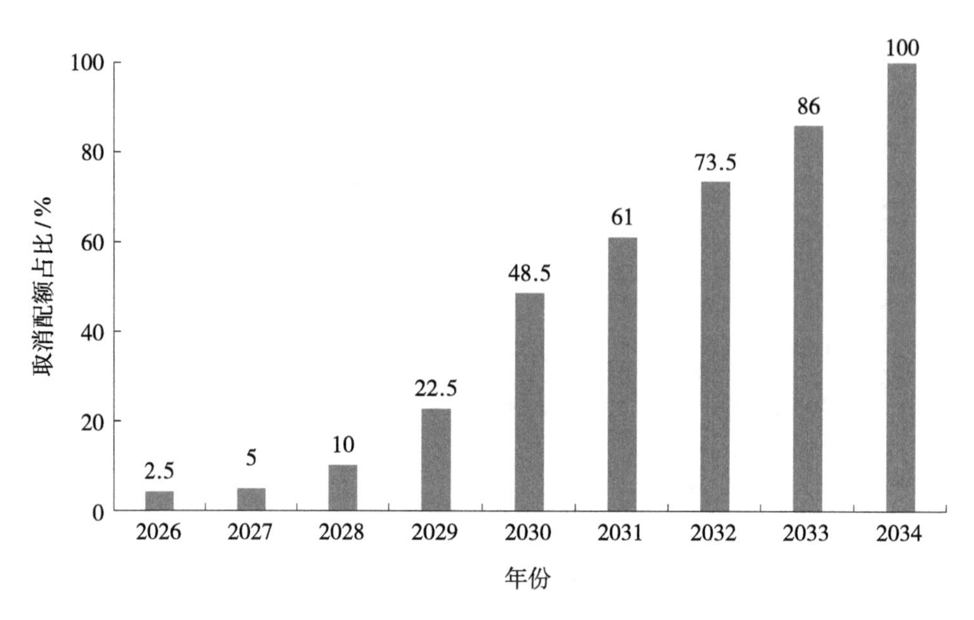

图6-9 欧盟取消碳交易免费配额计划（2026—2034年）

资料来源：根据欧盟计划整理。

欧盟CBAM初期拟覆盖水泥、铝、化肥、电力、钢铁[①]等行业排放，过渡期后将扩大行业和温室气体覆盖范围。2022年3月15日，欧盟理事会通过的CBAM监管草案协议明确CBAM初期覆盖水泥、铝、化肥、电力、钢铁五大行业，包括原材料、成品和半成品等38种CN编码产品类别，覆盖的温室气体排放包括二氧化碳、氧化亚氮和全氟化碳。CBAM过渡期内针对产品生产的直接排放和间接排放，以便与欧盟排放交易体系对等。过渡期内进口商承担申报义务，需每季度报告其进口产品数量、直接温室气体排放量、隐含温室气体排放量，以及进口产品在原产国已支付的碳价。正式启动后，进口商需根据其进口产品的碳排放量清缴相应数量的CBAM证书。

征收范围旨在最终扩大到全部“碳泄漏”风险部门。欧盟提出CBAM后，征收范围经历了多次变化，与2021年3月决议相比，2021年7月、2022年3月

① 欧盟后续将征收范围扩大为包括氢在内的六大行业。

欧盟通过的立法提案有较大差别，主要体现为正式实施时间延后3年，并且缩减了过渡期行业和温室气体覆盖范围。欧盟委员会明确表示，CBAM最终目标是覆盖所有国际竞争压力大、碳排放成本占产品价值比例较高的行业。征收落地后，排放范围可能扩大到“碳泄漏”风险最高的产业部门，即欧盟《排放交易体系指令》(第10a条)界定的“碳泄漏”风险部门清单[①]。欧盟“碳泄漏”清单共计63个产业部门，目前这些产业部门可以获得欧盟免费碳排放配额。经初步NACE-HS转码分析，共涉及34个ISIC[②]经济部门，对应我国HS[③]出口清单53个章节，约2495种产品(HS8位编码)。该清单覆盖水泥、钢铁、铝、炼油、造纸、玻璃、化工和化肥等高能耗产业。欧盟碳交易体系第三和第四交易阶段“碳泄漏”风险研究后将更新上述清单。CBAM可能逐步覆盖欧盟碳排放交易机制的全部三类行业：一是发电和供热；二是能源密集型行业，包括炼油、钢铁、铝、其他金属、水泥、石灰、玻璃、陶瓷、造纸、酸和大批量有机化学品的工业行业；三是商业航空。欧盟CBAM启动阶段征收范围见表6-5。

表6-5　欧盟CBAM启动阶段征收范围

CN代码	商品内容	温室气体
	水泥	
2523 10 00	水泥熟料	二氧化碳
2523 21 00	白色波特兰水泥，无论是否为人工着色	二氧化碳
2523 29 00	其他波特兰水泥	二氧化碳

① EU ETS指令第10a条。欧盟“碳泄漏”风险行业极高的标准是：直接或间接成本把生产成本提高至少5%，以增加值总额的比例计算；以及该行业与非欧盟国家的贸易(进口和出口)强度在10%以上。欧盟具有“碳泄漏”行业风险的标准是：直接和间接的额外成本总额至少为30%，或者与非欧盟国家的贸易强度在30%以上。

② ISIC：联合国《所有经济活动的国际标准行业分类》(International Standard Industrial Classification of All Economic Activities)。

③ HS：《商品名称及编码协调制度的国际公约》(International Convention for Harmonized Commodity Description and Coding System)。

续表

CN代码	商品内容	温室气体
2523 30 00	铝质水泥	二氧化碳
2523 90 00	其他水力胶结物	二氧化碳
电力		
2716 00 00	电能	二氧化碳
化肥		
2808 00 00	硝酸，亚硫酸	二氧化碳和氧化亚氮
2814	氨，无水或水溶液	二氧化碳
2834 21 00	钾的硝酸盐	二氧化碳和氧化亚氮
3102	矿物或化学肥料，含氮	二氧化碳和氧化亚氮
3105	含有氮、磷、钾两种或三种施肥元素的矿物或化学肥料；其他肥料；本章规定的片剂或类似形式或包装、毛重不超过10公斤的货物。不包括：3105 60 00 – 矿物或化学肥料，含有磷和钾两种施肥元素的矿物或化学肥料	二氧化碳和氧化亚氮
钢铁		
72	钢铁，不包括：7202 –铁合金；7204 –黑色金属废料和废品；重熔废钢锭和废钢	二氧化碳
7301	钢铁板桩，无论是否钻孔、冲孔或由组装元件制成。钢铁的焊接角材、形状和断面	二氧化碳
7302	铁路或电车轨道建设。钢铁制的下列材料：铁轨、检查轨和架轨、开关刀片、道岔杆；点杆和其他道岔部件、枕木（干线）、底板（底板）、轨道夹、床板、拉杆及其他用于连接或固定铁轨的专用材料	二氧化碳
7303 00	铸铁的管子、管道和空心型材	二氧化碳
7304	铁（非铸铁）或钢制的无缝管、管和空心型材	二氧化碳
7305	其他管材（例如焊接、铆接或类似的封闭工艺），具有圆形截面，其外径超过406.4毫米的铁制或钢制管材	二氧化碳
7306	其他管材和空心型材（例如开缝或焊接、铆接或类似的封闭工艺），由铁或钢制成	二氧化碳

续表

CN代码	商品内容	温室气体
7307	铁制或钢制的管子或管件（例如接头、弯头、套筒）	二氧化碳
7308	铁或钢的结构物（不包括代码9406的预制建筑）及结构部件（如桥梁和桥梁断面，闸门；塔、格子桅杆、屋顶、屋顶框架；门和窗及其框架和门槛；栏杆、支柱和柱子）用于搭建结构的铁或钢的板、棒、角、型材、管子等	二氧化碳
7309	容量超过300升的铁制或钢制的任何材料（压缩或液化气体除外）的贮水池、罐子、大桶和类似的容器，无论是否有内衬或隔热，但未装有机械或热力设备	二氧化碳
7310	装载任何材料（压缩或液化气体除外）的罐子、桶、鼓、箱子和类似的容器，铁或钢制容器，容量不超过300升，无论是否有内衬或隔热，但未装有机械或热力设备	二氧化碳
7311	铁或钢制的压缩或液化气体的容器	二氧化碳
7326	其他铁或钢制物品	二氧化碳
铝		
7601	未锻造的铝	二氧化碳和全氟化碳
7603	铝粉和铝片	二氧化碳和全氟化碳
7604	铝条、铝棒和铝型材	二氧化碳和全氟化碳
7605	铝线	二氧化碳和全氟化碳
7606	厚度超过0.2毫米的铝板、铝片和铝带	二氧化碳和全氟化碳
7607	铝箔（无论是否印有或以纸、纸板、塑料或类似材料为背衬），厚度（不包括任何背衬）不超过0.2毫米	二氧化碳和全氟化碳
7608	铝管和管道	二氧化碳和全氟化碳
7609 00 00	铝管或管件（例如接头、弯头、套筒）	二氧化碳和全氟化碳
7610	铝制结构（不包括代码9406的预制建筑）和结构部件（例如桥梁和桥段，塔楼、格子桅杆、屋顶、屋顶框架，门和窗及其框架和门槛、栏杆、支柱和柱子），铝板、铝棒、铝型材、铝管及类似产品	二氧化碳和全氟化碳

续表

CN代码	商品内容	温室气体
7611 00 00	用于任何材料（不包括压缩或液化气体）的铝制贮槽、罐、桶和类似容器，容量超过 300升，无论是否有内衬或隔热，但未装有机械或热力设备	二氧化碳和全氟化碳
7612	铝桶、圆桶、罐子、箱子和类似的容器（包括硬质或可折叠的）。用于任何材料（压缩或液化气体除外）。容量不超过300升，无论是否有内衬或隔热，但未装有机械或热力设备	二氧化碳和全氟化碳
7613 00 00	压缩或液化气体的铝制容器	二氧化碳和全氟化碳
7614	非电气绝缘的铝制绞线、电缆、编带及类似产品	二氧化碳和全氟化碳
7616	其他铝制品	二氧化碳和全氟化碳

资料来源：本表格译自欧盟理事会CBAM监管草案协议（2022年3月15日版）。

2.政策工具

CBAM意在建立与ETS平行的征收机制。2021年7月的立法提案提出了一种与EU ETS动态挂钩的“碳边境调节机制证书”体系，拟设立CBAM专门行政机构，进口商需先在此机构注册成为“授权申报人”，设立专门进口账户，此后需购买并在每年5月31日前提交足额数量的CBAM电子证书。每年6月30日将清零上一年度账户内证书，证书不足将以100欧元/吨的成本予以罚款。

价格基准方面，欧盟CBAM以EU ETS碳价为基准。立法提案提出，CBAM需要以反映欧盟生产商支付的碳成本收取进口碳含量费，碳价应镜像反映EU ETS下欧盟配额价格的动态变化，确保碳价的可预测性和较小的波动性。立法提案进一步确定，征收价格设定为EU ETS交易的周度平均碳价；如出口国有碳交易机制或碳税等碳价机制，则此成本可抵扣。

征收数量方面，CBAM电子证书的足额数量对应上一年度进口商品隐含碳排放量，需自主申报。启动阶段征收排放范围仅包括直接排放，即产品生产过程冷热耗能等生产者可以直接控制的排放。

此外，欧盟提出，欧盟CBAM应当与境内ETS改革挂钩，不得滥用为贸易保护工具，要兼容WTO规则和欧盟自由贸易协定，征税收入应当用于气候目标，加强对实现欧洲绿色新政目标的支持。最不发达和小岛发展中国家可得到优待。从收入和支出计划看，对于征收CBAM所得收入，欧洲议会认为，该收入可以纳入欧盟财政收入，进而再定向投资到绿色经济产业之中。碳关税所得收入应支持欧盟气候能源产业政策。

二、CBAM对我国的影响

1.涉及出口产品范围及贸易规模

我国是全球最大的贸易出口国、碳排放国和发展中国家，且长期以来处于隐含碳净出口国位置，具有较大的应对气候变化生产责任，这使现阶段我国成为CBAM下受成本影响的国家。2019年我国最大的贸易伙伴为欧盟，第二大贸易伙伴为东盟，受中美贸易摩擦影响，美国下降为第三大贸易伙伴。欧盟、美国合计贸易额为8.59万亿元，占贸易总额的27%，权重较大。此外，我国出口商品以机电产品和劳动密集型产品为主，2019年机电产品所占比重接近六成，钢铁、建材等传统高碳产品也占据较大比重，CBAM会增加相关产品出口成本。

我国是欧盟的重要贸易伙伴。根据欧盟统计局数据，2021年欧盟自我国的进口额达到4720亿欧元，同比增长37%，约占欧盟进口总额的22%。主要集中在机电产品（占欧盟该类产品进口额的56%）、其他制成品（35%）和化学品（7%）。根据中国海关总署数据，2021年我国对欧盟的出口额为33483亿元人民币，约占我国出口总额的15.41%。主要产品为机电产品（占我国出口总额的43%）、纺织原料及纺织制品（9.06%）、杂项制品（7.87%）、贱金属（主要钢铁和铝）及其制品（7.86%）、化学工业及其相关工业的产品（6.35%）、车辆、航空器、船舶及运输设备（5.17%）、塑料、橡胶及其制品（4.82%）。2011—2021年，欧盟对我国的进口和出口均呈上升趋势，且对我国的贸易逆差不断增加。

欧盟CBAM在启动初期涉及水泥、铝、化肥、电力、钢铁等行业，由于我国对欧盟没有电力出口，征收初期主要受影响行业为化肥、钢铁、水泥、铝四大行业。2016—2020年，我国四大行业对欧出口额年均约61.1亿美元，约占我国对欧出口总额的1.8%，其中钢铁产品约占3/4，铝产品约占1/4，水泥和化肥的贸易量很小。受产业结构调整与中欧钢铁相关谈判等因素影响，近年来我国对欧钢铁、水泥出口有较大下降，但化肥、铝等高耗能产品出口规模仍然较高。2015—2020年，主要对欧盟出口对象国为比利时、意大利、西班牙、德国等国。

2.碳中和下分阶段影响

我国是受欧盟CBAM影响最大国家之一。据非营利组织“全球能源监测器”（Global Energy Monitor）测算，此次欧盟CBAM征收范围影响最大的国家依次为俄罗斯、中国、英国、挪威、土耳其（见图6-10）。在钢铁、化工等能效差距明显的行业，一旦按照欧盟技术标准征收CBAM，出口传导会影响我国国内碳价效能，我国制造业排放标准将被迫参考欧盟，可能造成部分行业竞争力逆转。

近中期主要影响钢铁、电解铝行业，整体影响较小。对于欧盟CBAM先期纳入的五个行业（主要为钢铁、水泥、化肥、铝，电力无出口），按照我国相关行业直接碳排放平均强度计算，2016—2020年上述行业向欧盟出口的直接碳排放约为587万吨，按照50美元/吨的碳价测算，上述行业平均每年增加税负成本约2.9亿美元，相当于上述行业对欧出口总额的4.7%。考虑到我国已经强化钢铁、电解铝等行业供给侧结构性改革，并且对部分钢铁和铝产品加征了出口关税，预计到2026年欧盟CBAM开始实施时，对行业出口整体影

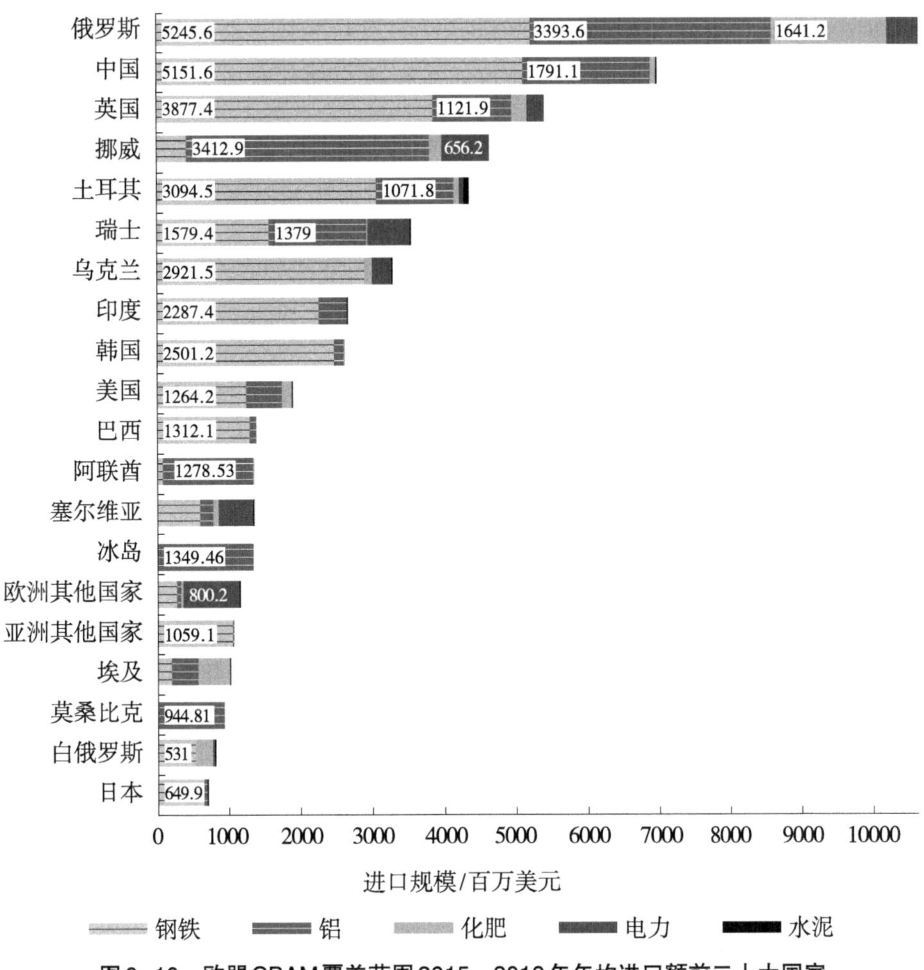

图6–10　欧盟CBAM覆盖范围2015—2019年年均进口额前二十大国家

资料来源：PETKOVA M.EU's CBAM to impact Russia, China and the UK the most[R]. Energy Monitor, 2022.

响较小。

长期来看，欧盟可能将CBAM由直接排放拓展至间接排放，由上述五个行业扩大到所有"碳泄漏"高风险行业。如果未来CBAM扩大到"碳泄漏"清单全部行业，针对欧盟阶段性"碳泄漏"高风险行业清单，利用全球贸易分析库数据（GTAP10）测算，考虑不同行业用能结构差异，2018—2020年我国对应行业向欧盟出口的隐含碳排放分别为1.35亿、1.36亿和1.41亿吨，按照50美元/吨的碳价测算，这些行业每年增加的征收成本分别为67.5亿、68亿和70.5亿美元，分别占上述行业当年对欧出口总额的6.0%、6.1%和5.7%。从行业情况来看，CBAM影响较大的行业为纺织服装业、金属及金属制品业、化学制品业等，2020年增加的征收成本分别为20.7亿、18.5亿和13.9亿美元，分别占行业对欧出口总额的3.7%、8.7%和7.7%，届时我国出口商品价格优势将被削弱。未来如果欧盟进一步将CBAM扩大，对我国的负面冲击将更大。

更长期而言，CBAM的影响程度取决于我国能源和工业的脱碳进程。随着贸易结构优化及出口产品结构调整，我国出口产品隐含碳排放量显著减少，清华大学相关研究显示，从“十二五”末期开始，已呈现出口产品隐含碳排放量与出口额脱钩的现象，出口产品隐含碳排放量在2013年前后达峰，2016年已回落到2010年的水平，约为14.7亿吨二氧化碳。相关测算条件下，最终需求中消费每替代投资1个百分点将促使碳排放总量降低0.4%。随着国内能源结构调整加速，贸易结构优化推进，出口商品的能源强度和碳强度都将不断下降。随着2030年碳达峰、2060年碳中和目标的推进，出口产品隐含碳排放量也会显著降低，CBAM的影响大小将是一场与我国能源经济转型进程快慢的比赛。

此外，CBAM难以计量隐性碳价，可能对我国出口行业造成不公平待遇。欧盟仅把碳市场显性价格作为衡量不同国家应对气候变化努力程度的指标，忽略了各国法规标准、节能降碳目标等对企业带来的隐性碳价，可能对我国出口行业造成不利影响。

第四节　统筹完善国内碳定价与跨国碳定价的方向和重点任务

一、坚定主张绿色发展全球化，依法反制单边碳定价

主张绿色发展全球化。应对气候危机形势紧迫，已有超过130个国家和地区提出了碳中和目标，联合国政府间气候变化委员会（IPCC）第6次报告力推全球1.5℃温控目标。以CBAM为起点，主要国家正在从减排责任分配进入碳定价博弈并重的新周期，全球碳定价的制度化、长期化、传导性已不可避免。合理的碳成本将创造能源“四新”技术革命机遇，促使碳减排从发展约束变为动力。绿色发展全球化可以最大限度体现我国供应链优势，面对当前绿色竞争加剧逆全球化特征，我国应坚定主张绿色发展需要在联合国框架下，依据共同但有区别的责任原则公平、高效、合作推进。

强调我国“绿色工厂”贡献，深化供应链开放合作。我国光伏电池、新能源汽车和动力电池等新能源装备出口为全球低碳转型作出了贡献。全球碳中和情景将造成能源贸易格局扭转，石油主导的能源贸易将向新能源设备生产为主导的贸易格局演变，深远影响地缘政治格局。对高碳产品出口征收CBAM，又对低碳装备出口频频“双反”，对我国不公平。引入跨国碳定价机制，应与降低低碳技术贸易壁垒双向进行。

必要情况下加强依法反制。必要情况下，在《联合国气候变化框架公约》（UNFCCC）与WTO相关机制下，基于多边规则，反制“单边碳定价”。促进WTO改革，防止“环保例外权”等被滥用。

二、深度参与全球气候贸易治理，合作塑造公平合理的跨国碳定价机制

与国际组织密切合作。持续加强与世界银行、经合组织等主流国际组织合作，就CBAM的减排有效性、公平性、包容性等发布联合技术报告，深入研究国际碳定价基础制度的合规性、计算方法、数据透明性和立法基础，报送G20、COP等领导人议事平台，积极参与国际碳定价规则塑造，呼吁国际社会全面客观判断贸易的气候责任和福利流向，避免绿色贸易壁垒延缓疫情后经济复苏进程。

加强与欧盟规则磋商。持续加强与欧盟方面的磋商与协调，协同推进开放引进零碳技术、“一带一路”绿色投资等方式。结合“双碳”目标进展，动态完善磋商重点。

三、有效利用跨国碳定价倒逼作用，提升我国绿色竞争力

降低出口产品碳足迹、提升附加值是我国对外贸易转型升级的长期方向。我国应借助跨国碳定价趋势，提升参与国际低碳技术标准与规则制定，用好外部压力形成国内政策合力，主动参与新形势下高端环节全球绿色竞争。结合外部碳关税压力调节出口导向，促使钢铁等重点行业向高附加值出口升级。打造开放型贸易大国，引导国内制造业通过电气化、绿电绿氢利用等新技术脱碳，以国际能效领先水平为标杆，持续推动重点行业节能低碳水平达到世界先进，有效降低碳关税成本。促进贸易结构优化，减少低附加值、高碳排放产品出口，优先发展高附加值的绿色产业贸易。加快打造绿色低碳供应链，降低产品全生命周期的碳足迹。

四、加速国内碳定价基础制度建设，健全出口碳成本核算制度

尽快打通国内绿色权益交易壁垒，明确隐性碳定价成本，建立健全进出口产品碳成本核算制度。开发碳足迹认证业务模式，与企业环境、社会、治理（ESG）信息披露结合，鼓励第三方认证。在消费端推动绿色产品认证。解锁绿色金融潜力，提升绿电绿证与碳排放核算的机制衔接。推动国际绿证互认，推动国际国内碳定价标准互相学习。创新出口企业低成本便利化采购绿电机制。参考国际标准，通过优化绿证、绿电交易、企业虚拟购电协议（VPPA）等方式，鼓励和认证出口企业消费零碳低碳能源。

第七章
妥善应对碳定价的结构性影响

第一节　碳定价政策对经济社会影响的作用机理

在碳达峰碳中和背景下，碳定价政策对节能减排、宏观经济、企业发展等方面的影响机理如图7-1所示。碳定价政策可以通过成本效应、企业投资以及政策导向等方面影响生产要素的分配，从而可以引起产业结构、能源结构的调整，助推技术创新，提升生产率，促进节能提效，从而对宏观经济、节能降碳、企业及居民等产生影响。

从成本效应来看，碳市场是一种成本有效的减排合作机制，从经济学角度看，只要边际减排成本低于所需支付的碳价，温室气体排放主体就有动力持续减排。碳排放权交易通过市场手段激励减排成本较低的主体承担较多的减排任务并因此获益，减排成本高的主体通过购买配额完成减排任务，从而达到社会减排成本最小的效果。碳排放权交易过程中一些减排成本高的企业向减排成本低的企业购买排放权，碳市场均衡时各企业边际成本相等，最终促使企业在追求自身利益最大化的同时全社会实现了帕累托最优。

从政策导向来看，碳定价政策实际上是政府给予高污染、高能耗企业的

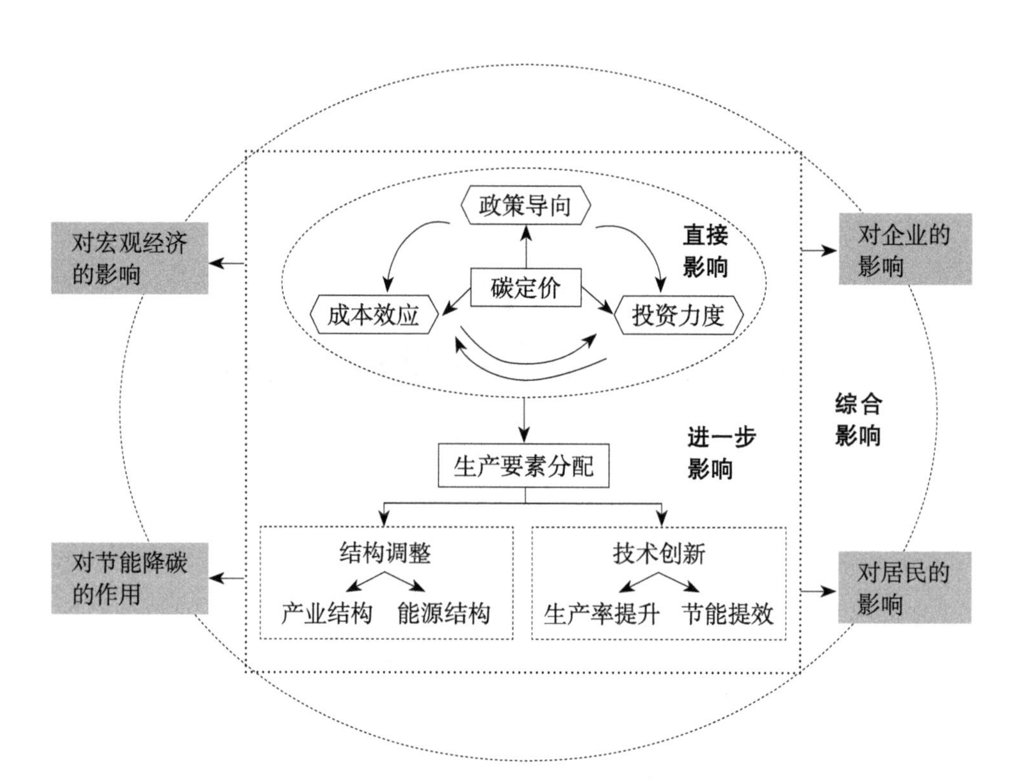

图7-1 碳定价政策影响作用机理

一种信号，基于信号传递理论，碳定价政策暗示了政府的环境监管导向，控排单位根据碳定价的相关政策获取了未来一段时间内绿色技术创新的政策导向信息，主动选择开展绿色技术创新。当开展减排的企业由点向面进行扩散时，那些不进行减排的企业就会因生产成本过高导致企业竞争力下降最终被挤出市场。这种优胜劣汰的淘汰机制会使碳交易政策存在“环境壁垒”效应，行业准入门槛于无形中不断提高。

从投资方面来看，碳定价政策可以提高政府收入，碳税等相关政策虽然会导致市场产出下降，税收减少，但是碳税本身会较大幅度直接提高政府税收收入。碳市场中配额如果采取拍卖方式，其收入也可增加政府收入。政府收入增加可以促使对绿色低碳项目增加投资，促进绿色低碳产业发展。对于企业来说，也更倾向于投资政府所鼓励的技术。

以上三个方面的因素，通过影响生产要素的分配有效促进了结构调整和技术创新。

结构调整方面，对于化石能源产业、高碳工业来说，转型成本较高，转型难度较大，将受到较大冲击；清洁产业的利润空间随着相关环境法规逐渐严苛而增大，相应会诱使资金和劳动力等生产要素的重新配置，致使生产要素流向清洁产业，加速产业结构优化，进而实现地区能源消费结构低碳转型。

技术创新方面，根据“波特假说”，企业在适当的环境规制下，会倾向于从事更多技术创新研发活动，激发的“创新补偿效应”能够抵消部分甚至是全部的环境成本，从而降低企业的合规成本，因此设计恰当合理的环境规制将刺激技术创新行为。碳定价政策不仅能够通过成本效应、政策导向和投资方向激励技术创新和应用，淘汰落后技术，还能通过技术创新的溢出效应放大政策效果，形成良性循环。

基于以上的影响机理，碳定价政策根据其覆盖的行业、配额分配方式、碳价水平等机制设计的不同，对宏观经济、企业和居民等存在着不同程度的结构性影响。

第二节　不同碳价水平的敏感性压力测试

本书课题组利用“经济-社会-能源-气候系统分析模型”，分析碳定价机制对能源系统、经济社会系统的作用机理并定量评估碳定价的结构性影响，对未来不同碳价水平下的综合影响进行压力测试分析。为此，设置较低碳价（50美元/吨）、中等碳价（100美元/吨）和较高碳价（150美元/吨）三种碳价情景，主要参考国内碳市场的碳价变动情况以及其他相关研究的预测情景，分析其对宏观经济、节能降碳等方面的影响。

一、不同碳价对经济产出的影响

碳价会导致居民消费减少，社会总消费减少，企业收入减少会降低总储蓄和总投资，国内碳价提升也会造成出口产品竞争力降低，出口减少，因此GDP会受到一定影响。唐遥（2022）应用CGE模型框架评估碳税的影响，认为在普遍征税时，50元/吨的碳税下每1%的碳排放下降对应了0.024%的GDP下降，而在碳价达到100元/吨时，每1%的碳排放下降对应了0.031%的GDP下降，建议对重点行业征税并对清洁电力行业进行补贴。李小倩（2022）应用CGE模型计算了碳税对宏观经济的影响，认为征收碳税会使得GDP下降，并且随着碳税税率的提高，GDP的下降幅度会越来越大。

本书课题组测算得出较高碳价对经济产出带来一定负面影响，但影响非常有限。到2050年，与中等碳价情景相比，较高碳价情景下的GDP减少约1.5%，较低碳价情景下的GDP增加约1.2%（见图7-2）。

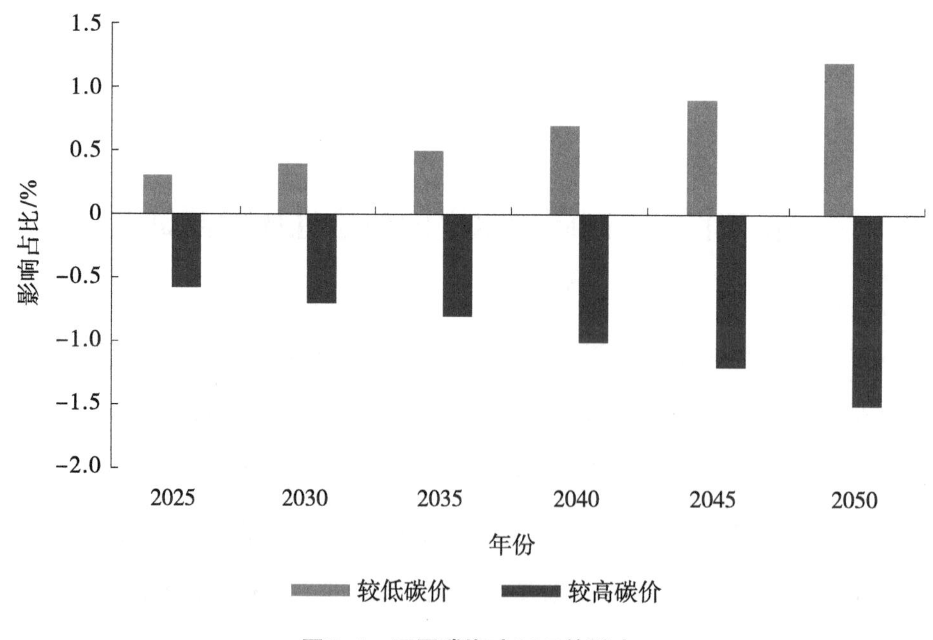

图7-2　不同碳价对GDP的影响

二、不同碳价对产业结构的影响

碳定价政策会督促高污染企业进行低碳生产改造，企业会不断地通过减排来压缩生产成本，使产业结构不断优化；同时清洁产业的利润空间随着相关环境法规逐渐严苛而增大，相应会诱使资金和劳动力等生产要素的重新配置，致使生产要素流向清洁产业，加速产业结构优化，进而实现地区能源消费结构低碳转型。总的来看，电力（火电）生产和供应的价格幅度上涨最大，由于火电主要消费的是煤炭能源，碳价会对电力（火电）生产和供应产生直接影响，其次受影响较大的是非金属矿采选和非金属矿物制品业、金属矿采业和压延加工品业，对制造业和建筑业的影响较小，对低能耗的服务业如交通运输、仓储、邮电通信业更是起到了促进作用。因此从产业结构来说，碳定价措施不利于第二产业的发展，却会推动包括交通运输、仓储、邮电通信业、批发零售贸易和餐饮业在内的第三产业的发展，这有利于产业结构的优化升级，提高第三产业在国民经济中的地位，并且能够促进第二产业中低碳行业的发展。

经本书课题组测算，到2050年，与中等碳价情景相比，较高碳价情景下的高耗能行业增加值减少约3.5%，较低碳价情景下的高耗能行业增加值增加约2.1%（见图7-3）。

以重点行业钢铁为例分析不同碳价对行业的主要影响。我国平均生产1吨钢的二氧化碳排放量约1.8吨，其中经炼焦、高炉炼铁与转炉炼钢等流程的长流程炼钢单位碳排放平均约为2.1吨，经电炉炼钢的短流程炼钢单位碳排放平均约为0.9吨。按照较低碳价情景、中等碳价情景和较高碳价情景分别测算，长流程炼钢和短流程炼钢的成本随着碳价的提高将显著增加（见图7-4）。

从图7-4中可以看出，在较高碳价下，长流程钢铁的成本将增加约2200元/吨，与中等碳价情景相比，钢铁成本将增加50%以上。可见在较高碳价水

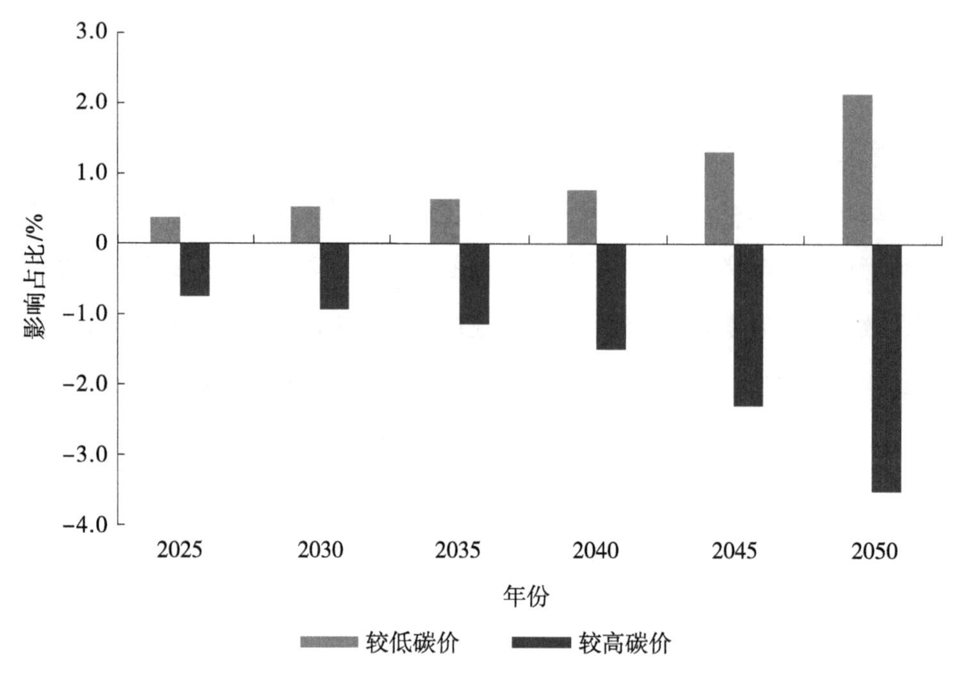

图7-3　不同碳价对高耗能行业增加值的影响

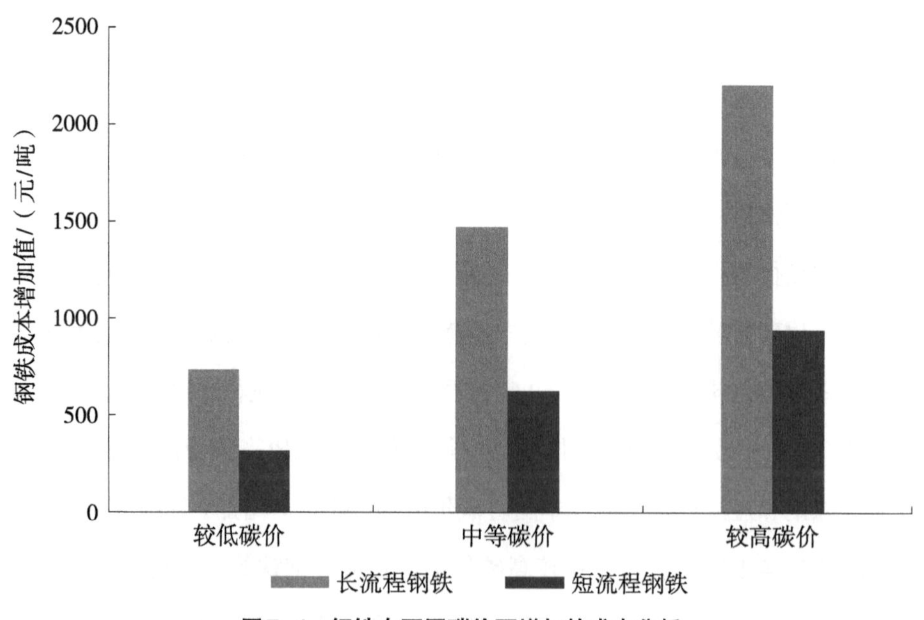

图7-4　钢铁在不同碳价下增加的成本分析

平下，钢铁、水泥、电解铝等高耗能行业受到的冲击较大。

不同碳价对出口的影响。以对欧盟出口为例，2020年我国对欧盟出口货物商品额约为3835亿欧元，利用全球贸易分析库数据（GTAP10）测算，对应的隐含碳排放约为3.5亿吨，本书课题组根据三种不同碳价水平，对这些出口货物商品隐含碳排放量和碳价成本占该行业出口额比重进行测算，结果如表7-1所示。

表7-1 我国对欧盟出口货物商品隐含碳排放量和碳价成本占该行业出口额比重

行业	2020年隐含碳排放量/万吨	碳价成本占出口额比重/%		
		较低碳价	中等碳价	较高碳价
农业	218.9	2.3	4.5	6.8
其他矿采选业	164.2	4.8	9.6	14.4
食品制造及烟草加工业	140.3	2.9	5.7	8.6
纺织服装业	4844.2	3.7	7.4	11.1
木材加工及家具制造业	407.8	8.3	16.6	24.9
造纸印刷及文教体育用品制造业	339.2	7.1	14.1	21.2
化学制品业	2789.6	7.7	15.3	23.0
医药制造业	181.5	3.0	6.1	9.1
橡胶和塑料制品业	2761.0	9.8	19.6	29.5
非金属矿物制品业	1464.3	11.6	23.2	34.7
金属及金属制品业	3893.7	8.7	17.5	26.2
电子设备制造业	4961.3	2.5	5.0	7.5

续表

行业	2020年隐含碳排放量/万吨	碳价成本占出口额比重/%		
		较低碳价	中等碳价	较高碳价
电器机械及器材制造业	1456.3	5.0	9.9	14.9
机械及其他设备制造业	7180.0	4.6	9.2	13.8
交通运输设备制造业	1354.1	4.0	8.1	12.1
其他制造业	2975.4	3.8	7.6	11.5

从表7-1中可见，如果对出口行业的隐含碳排放实施碳定价政策，非金属矿物制品业、橡胶和塑料制品业、金属及金属制品业、化学制品等行业将受到较大影响。在较高碳价水平下，非金属矿物制品业的碳价成本将占其出口额的1/3以上。在这样的情况下，必将增加出口产品的成本，提高出口产品的价格，从而显著降低出口产品的竞争力。相对而言，附加值较高的电子设备制造业的碳成本比重较低。由此可见，碳定价将推动我国出口行业的结构性调整。

三、不同碳价对居民福利的影响

碳定价将直接增加行业的生产成本，最终会通过工资下降，产品价格上升等全部转移给居民，因此会使得居民福利受到较大损失。从工资影响等方面来说，有研究认为在山东、山西和上海等劳动力密集地区居民福利受影响较大，云南、新疆等几个地区的居民福利会有轻微改善（范英，2016）。从消费方面来说，由于低收入群体对能源等生活必需品的支出占比较高，因此碳定价政策对低收入群体产生更强的负面影响。但是从健康方面来说，碳价增加有利于对居民健康的保护，促进提升居民福利。

第三节　碳定价对经济社会的结构性影响

一、碳定价对节能降碳有积极的促进作用

一方面，碳定价促进了能源结构的调整。由于碳定价的存在，不同种类的能源被隐形标注了额外的价格，直接影响了它们的相对价格，化石能源价格会逐渐提升，企业使用高碳能源的成本将会高于使用清洁能源的成本。在这样的政策背景下，遵循成本最小化或利益最大化的企业便会考虑优化调整能源消费结构。对于化石能源来说，碳定价机制下，煤炭、石油、天然气和火电消费量都会下降。其中，煤炭能源消费的下降幅度最大，这是由我国相对偏煤的能源消费结构所决定的。由于我国能源消费结构中，煤炭占据主要地位，二氧化碳排放大部分都来源于煤炭，因此碳价的变动对煤炭消费量的冲击要大于其他能源，对煤炭依赖性较强的企业生产成本大幅度提高，企业为维持利润和降低成本，便开始寻求替代能源或加大科技研究投入，提高煤炭能源使用效率，从而导致煤炭消费量下降幅度较大。因此煤炭的需求量随着碳价提升会显著下降，石油、天然气也会有所下降。对于非化石能源来说，由于化石能源价格上涨导致成本增加，一些企业会寻求替代能源或低碳清洁能源以维持未来利润，低碳能源需求将会增加。因此，碳定价政策可以直接敦促企业优化调整能源消费结构，长此以往还可促进各行业能源消费结构的升级换代，最终推动整个地区的能源消费结构朝着绿色、低碳的方向发展。

另一方面，碳定价政策有助于节能和提高能效。碳定价推动能效提升的同时，还可以减弱能源效率的“反弹效应”，这是指提高能源使用效率时可以降低能耗，减少排放，但能效提高后，消费者可以更低成本获得同样服务，

反而可能增加能源使用，进而抵消了部分减排效果。此外，还可能将节能省下来的钱用于增加其他生活消费，导致能耗增加。实施碳定价可以有效减弱这一效应，即使能效提高，碳价的存在也会抑制人们消费更多高碳能源和商品，有助于能源节约。

此外，碳定价可以促进减排成本降低。碳市场是一种成本有效的减排合作机制，最终促使企业在追求自身利益最大化的同时全社会实现了帕累托最优。有学者对美国区域间碳交易市场的成本节约效应进行了研究，结论表明，随着碳交易主体的增加，碳市场的成本节约效应将更加显著（Rose et al., 2006）。范英等人（2016）对我国碳市场减排进行情景研究发现，为实现2020年减排目标，6个试点省份参与碳交易的情景下，可节约减排成本约4.63%，若开展全国碳市场，可节约减排成本31.23%。

因此碳定价政策对低碳发展有积极的促进作用。有研究发现，我国碳排放交易机制减少了22.8%的能源消耗和15.5%的碳排放（Hu et al., 2020）。一些研究结果发现碳交易政策能够有效促进试点地区的碳减排，且其减排效应逐年增强，除此之外还具有一定的溢出效应抑制相邻地区减排。柳亚琴等人（2022）基于我国2000—2018年30个省（区、市）的面板数据，检验了碳交易政策对地区能源消费结构低碳转型的影响，认为碳交易政策的实施显著地提升了试点地区的能源消费结构低碳化水平，且政策效应逐年增强。

二、碳定价长期看有利于高质量发展，短期可能对部分行业和地区有一定冲击

1.碳定价政策长期对高质量发展有促进作用

一是碳定价政策有利于产业结构优化。碳定价政策实际上是政府给予高污染、高能耗企业的一种信号，督促其进行低碳生产改造，通过末位淘汰机制倒逼产业结构优化；同时清洁产业的利润空间逐渐增大，产业加速发展进

而实现地区能源消费结构低碳转型。有研究从产业结构优化升级视角出发，就碳交易政策对我国产业结构优化升级的影响进行探索，发现碳交易政策对当地产业结构升级具有显著的“倒逼”效应（谭静等，2018）。

二是碳定价政策可以促进生产率提高。碳定价政策通过技术创新影响效率改进和生产要素再分配，最终提升企业生产率。碳排放效率高的控排单位的产出量抵补了低效控排单位因降低碳排放而减少的产出量。碳定价政策作为气候减缓行动之一，应符合可测量、可报告、可核查的原则。因此，在碳定价政策下，控排单位面临更高的信息披露要求，不得不以减少资源浪费、提高要素投入效率、控制生产流程等方式提升碳管理水平（窦晓铭，2021）。

三是碳定价政策可以提高政府收入。政府收入增加可以促使更多资金流向绿色低碳项目，推动产业结构调整，促进公平转型。有研究认为碳税征收会增加政府收入和居民收入，且政府收入的幅度高于居民收入（胡青，2017）。

因此，碳定价政策加速了经济增长与碳排放的脱钩，带来的产出损失将在长时期内逐渐消退。根据修正后的KAYA恒等式，二氧化碳排放量等于GDP与单位GDP能源消费强度以及单位能源碳排放强度的连乘积。碳定价政策发挥技术创新效应从消费侧降低单位GDP能源消费强度，从供给侧降低单位能源碳排放强度，剥离了二氧化碳与GDP之间原有的增量关系。

2.碳定价政策短期内可能会对经济产生一定冲击

短期内，碳定价导致居民消费减少、社会总消费减少、企业收入减少，会降低总储蓄和总投资。同时碳定价导致企业生产成本增加，一方面总产出会降低，另一方面价格的上升会导致国内出口产品的竞争力降低，出口减少，因此GDP短期内会受到一定影响。对于碳排放权交易来说，碳配额的有偿“拍卖”对经济增长的负向影响较大；无偿分配方式下对经济影响较小。

王灿等人（2005）研究了二氧化碳减排对我国经济的影响，其研究结果认为，在我国实施二氧化碳减排政策将有助于能源效率的提高，但同时也将给我国经济增长和就业带来负面影响。一些研究认为碳排放权交易政策对GDP的影响更小，福利效果更好，比碳税政策更优。Yanase（2007）表明碳税政策下各国净碳排放量会更多，国家福利水平会更低，即碳排放配额政策要优于碳税政策。Murray等人（2009）发现限额交易体制的福利效果优于碳税。Jan（2010）对比分析了碳排放权交易机制和碳税的减排效果及对经济的影响，结果显示，基于市场机制的碳排放权交易机制更能够实现减排目标且对经济的负面作用更小。

3.碳定价机制对各地区、各行业存在结构性影响

对于地区来说，碳定价机制可能会拉大区域经济发展差异。由于各地区经济结构的差异，能源消耗和二氧化碳排放量有着很大的地区差别，碳定价机制对不同省份经济增长的影响各异。中西部地区起步较晚，经济发展比较落后，一些经济落后或能源产量较大的省份依靠丰富的自然资源生产初级产品或高碳产品，单位GDP的能耗较大，碳定价可能会直接增加当地企业的生产成本，不利于其经济发展。而东部地区经济发展起步较早，经济发展水平较高，依靠雄厚的工业基础、高素质的劳动力资源以及中西部地区提供的大量初级产品，主要从事产品深加工和高新技术产业，在生产过程中消耗的能源较少，单位GDP能耗自然比中西部地区低很多，碳定价对其经济发展影响不大甚至促进其经济发展。总而言之，碳定价机制在短期内将会制约中西部地区的经济发展，致使东西部地区的经济差距越来越大，从而改变我国现有的区域经济发展格局。

对于行业来说，不同行业受到的影响差异较大。对于煤电、高碳工业来说，受到的影响较大，因为其重置成本较高，转型要求更彻底，难度更大。对于清洁能源以及高端制造业等行业，碳税等碳定价政策对其影响较小，甚至通过影响其他竞争行业对其有促进作用。在同一行业中，转型能力不同的企业，面临的影响也会具有较大差别。

三、碳定价有利于促进企业调整生产方式和可持续发展，但也可能造成一定的高碳资产搁浅风险

碳定价政策有利于促进企业调整生产方式。如微软公司从2009年起，就开始采取行动实现低碳发展目标，预期到2030年将公司运营产生的碳排放量减少75%。2012年，微软公司在内部推行碳排放税，对内部各运营部门产生的碳排放征收费用，让各业务部门从财务上承担起减少碳排放的责任。企业内部碳定价机制一方面帮助微软公司实现碳中和目标，另一方面帮助公司将可持续发展理念融入具体业务和技术发展中，促使公司保持良好的运营环境和持续改善的价值理念，从而构建长期可持续发展的竞争能力与优势。有研究针对500家美国上市企业，比较采用和未采用内部碳定价机制的企业碳排放强度和总收入，结果表明，内部碳定价机制通过增加研发投入，促进技术创新，帮助企业减少碳排放并增加收入，相比较而言，采用内部碳定价机制企业减少了22.7%的碳排放强度，并增加了8.1%的总收入（徐陈欣，2022）。世界银行《碳定价机制发展现状与未来趋势》报告显示，2020年全球共有853家企业宣布已使用企业内部碳定价措施，1159家企业有意愿在未来两年内采用企业内部碳定价措施，其中包括世界500强企业中的226家企业，数量相较于2019年增长了20%。

碳定价政策可能会造成企业部分高碳资产搁浅风险。为实现气候目标，除非使用可行的二氧化碳封存办法，否则将有大量化石燃料储备无法使用，形成资产搁浅（王信，2021）。有学者对全国碳市场条件下煤电资产搁浅风险进行了研究，全国碳市场将对我国煤电机组运行产生重要影响，未来的碳价格演化趋势、碳配额分配方法以及碳市场与电力市场之间的价格传导关系对火电机组运行影响最为显著；在配额拍卖条件下，以当前50元/吨作为初始价

格（4%的年增长率），我国火电机组的平均寿命将缩短5.43年，以当前100元/吨作为初始价格（4%的年增长率），我国火电机组平均寿命将缩短11.73年，现有火电机组将提前6年退出；此外，碳市场对我国不同地区煤电运行影响具有显著的异质性，在50元/吨的条件下，我国29个省（区、市）的煤电机组寿命缩短从0.34年到15.71年不等，总体而言西部地区火电机组受到碳定价的影响相对于东部地区更加显著（Jianlei M　et al.，2021）。

四、碳定价有利于促进劳动力向低碳行业流动，但短期内可能会在一定程度上影响居民福利

碳定价政策的成本和财政收入通过商品流通、服务消费以及政府转移支付最终转移至居民。因此会对居民的就业、收入和福利等造成影响，需要平衡政策的效率与公平问题。

在就业方面，碳定价政策推动劳动力从高碳行业转向低碳行业。一方面传统能源、钢铁等高碳制造业的就业岗位将明显减少，火电等传统能源行业将萎缩甚至退出历史舞台，大量劳动力可能失去就业岗位或工资下降，有研究认为征收碳税后劳动力需求将下降，碳税达到10美元/吨时，短期内将会增加460万失业工人（魏涛远，2002）。另一方面，新能源行业、服务业、有机农业等将创造大量就业岗位。以上两方面的作用存在相互抵消。有研究表明，每投资100万美元，在可再生能源和能效领域可创造7.49个工作岗位，而化石燃料领域仅能创造2.65个工作岗位（Garrett-Peltier，2017），投资低碳行业创造的就业岗位可能显著高于因退出高碳行业而损失的岗位（中国金融学会绿色金融专业委员会课题组，2021）。2020年国际货币基金组织（IMF）模型预测，在低碳转型初期，随着低碳部门（如可再生能源、建筑物改造、电动汽车生产和服务业部门）就业不断扩大，预计2021—2027年，全球就业人数平均每年将额外增加1200万人。此后随着转型的推进，高碳部门（如化石燃料

能源、交通运输、重工业）就业不断减少，全球就业会略低于基线情形，但到2050年左右全球整体就业又会回到基线水平之上。Yamazaki（2017）对加拿大不列颠哥伦比亚省碳税的就业效应进行分析发现，碳税对该省就业产生微弱的积极影响。Metcal（2020）对过去30年碳税对欧洲国家GDP及就业的影响进行估算发现，碳税对GDP和就业产生了温和的正向影响。尽管总体影响很小，但劳动力确实存在从碳密集型行业转换至低碳行业的趋势。

在收入和福利方面，碳定价政策具有正负两方面影响。一方面，由于低收入群体对能源等生活必需品的支出占比较高，从低收入国家、地区和群体到高收入国家、地区和群体，碳定价的分配效应总体呈累退趋势，因此碳定价政策对低收入群体会产生更强的负面影响。有研究认为碳市场配额采用拍卖方式将直接增加行业的生产成本，这部分成本最终会通过工资下降，产品价格上升等全部转移给居民，因此会使得居民福利受到较大损失（范英 等，2016）。区域能源资源禀赋与就业行业也将间接影响碳定价政策分配效应对居民收入的影响。另一方面，碳定价政策可以补偿、缓解低收入群体面临的公平性问题。碳定价政策将扩大税基、提高税收系统效率，减少税收扭曲，而其财政收入能调动国内资金，用于环境等可持续发展项目，还可以带动大气治理，降低对居民健康的负面影响，在一定程度上提升低收入群体的实际收入和社会福利水平（窦晓铭，2021）。

五、碳定价的影响和机制设计紧密相关

碳定价机制对宏观经济、企业和居民等的影响都存在着正反两方面的效应，影响程度也有所不同，在实践中，碳定价机制的影响和碳定价机制覆盖的行业、碳市场配额的分配方式、碳价水平的高低等机制设计息息相关。因此在推动碳定价政策时，应统筹发展和减排，稳妥推行实施适应我国国情和发展阶段的机制。

碳定价覆盖的行业增加后，有助于促进更多行业采取节能降碳措施，但短期内对企业的负面影响更加显著。欧盟碳市场随着不同阶段，逐步扩大碳市场的覆盖范围，以实现其减排目标，但也引来工业企业的反对。也有相关研究认为，当碳市场覆盖范围达到一定临界值后，增加覆盖行业将不会对减排及交易行为产生显著影响，对成本节约的贡献也不再显著，认为行业减排成本区域差异显著影响该行业的纳入碳交易的必要性（范英，2016）。

配额分配方式不同将影响企业的排碳成本，我国碳市场当前采用免费分配的方式，对经济影响相对较小，但是配额以拍卖形式分配，其直接或间接影响将比较大，不容忽视。有研究对碳市场中配额分配的不同方式进行了影响分析，认为在免费分配配额时，对出口的影响比较小，有利于降低减排宏观经济成本，有利于促进投资流向经济落后的资源地区，居民福利损失更小，而在拍卖配额时，影响较大，特别是钢铁、电力和水泥行业的净出口受影响较大（范英，2016）。

碳价水平增加，对于节能降碳有促进作用，但是其将增加生产成本，减少企业收益，对经济造成更大影响。中国人民银行于2021年8—11月与几家金融机构合作开展了气候风险敏感性压力测试，以评估我国的碳达峰碳中和目标转型对银行体系的潜在影响，并提高银行管理气候变化相关风险的能力。该压力测试假设企业面临逐年稳步上升的碳价，且对上下游的碳价不具备议价能力。中国人民银行重点关注针对全国碳排放交易体系中不同碳价水平的风险，结果显示，如果火电、钢铁和水泥行业企业不进行低碳转型，则在较低碳价、中等碳价、较高碳价不同压力情景下，企业的还款能力将出现相应的下降，在较高碳价水平时下降更多。但是由于参试银行在火电、钢铁和水泥行业的贷款占总贷款的比重并不高，因此，整体资本充足率在三种压力情景下都能够满足监管要求。

第四节　应对碳定价结构性影响的方向和重点任务

一是加强碳定价结构性影响的压力测试。碳定价的实际影响与机制设计、配额分配方法等密切相关。要超前谋划，系统评估不同碳定价方案、不同碳价水平下对区域、行业及低收入群体的影响范围和影响程度，有针对性地设计风险预案，完善碳定价机制设计。

二是建立健全风险预警和防控机制。综合研判碳定价对宏观经济运行、高碳产业跨国转移、产业链供应链安全和初级产品保供等方面的影响，建立由发改、财政、税务、商贸等部门组成的风险预警和防控机制，及时作出有效应对。逐步将碳定价纳入宏观调控政策体系。

三是成立公平转型基金。针对碳定价可能对区域、行业和弱势群体造成的负面影响，及时成立公平转型基金，统筹利用碳市场拍卖收入等碳定价收入，结合生态补偿、转移支付等机制，合理设计过渡性政策机制，推动区域、行业协同低碳转型。

第八章
研究结论和政策建议

第一节　研究结论

一、碳定价国际竞争态势日趋复杂，我国碳定价取得积极进展

近年来国际碳定价发展不断加快，潜在影响不容忽视。一是碳定价工具类型不断丰富，目前已形成了碳市场、碳税、隐性碳定价、跨国碳定价等多种政策工具。二是碳定价覆盖范围不断扩大，截至2022年，全球68个国家（地区）已实施碳市场、碳税等碳定价机制，覆盖全球32%的温室气体排放量。三是围绕碳定价问题的国际竞争日趋复杂，碳定价正在由国内政策向贸易政策、由单纯应对气候变化问题向全方位国际竞争博弈不断延伸。四是碳价攀升和价格震荡对经济运行带来挑战，2020年以来全球碳价普遍攀升，2022年欧盟碳价受俄乌冲突影响多次出现30%～40%的大幅震荡。

我国碳定价取得积极进展，综合效益正在逐渐体现。一是我国已初步建立包括全国碳市场、区域碳市场、温室气体自愿减排交易市场在内的多层次碳市场体系。二是我国形成了较完善的隐性碳定价政策体系，并为碳减排发

挥了重要作用。我国为推进节能降碳实施了大量行之有效的做法，包括支持节能和清洁能源发展的价格、财税类政策，节能标准政策等，实质上发挥了隐性碳定价的作用。三是我国就碳税的制度设计、征收方式等问题开展了大量研究，但是尚未正式推出碳税。

二、碳达峰碳中和下亟须构建中国特色碳定价机制

我国推进碳定价机制仍面临深层次问题和严峻挑战。一是全球范围内碳定价还在发展完善中，我国开展碳定价不能照搬国外，也不能脱离国情实际。二是统筹安全降碳与高质量发展形势复杂，亟须识别不同阶段、不同领域碳定价的定位作用。三是我国区域、行业、企业等发展差异较大，实施碳定价的宏观性、结构性影响不容忽视。四是国际竞争格局复杂多变，我国亟须更好统筹碳定价机制建设与提升自身绿色竞争力。五是碳排放法规标准、统计核算、人才储备等基础薄弱，影响碳定价作用的有效发挥。

以确保高质量实现碳达峰碳中和为核心目标构建中国特色碳定价机制。一是科学合理灵活应用碳定价工具，充分识别各类碳定价工具的特点和定位，因时因势灵活利用。二是注重政策协调和机制创新，加强碳定价工具之间、碳定价与其他机制之间的协调，发挥政策的综合效应。三是协同发挥碳定价促进节能降碳的直接作用和引导生产和消费方式转型的间接作用，保持绿色低碳转型战略定力。四是积极参与引领国际合作，在公平、合理前提下稳步推动国际碳定价合作，以节能降碳实际成效体现大国责任和领导力。此外，还需要处理好发展、减排和安全，短期和中长期，理论创新和实践创新，效率和公平等四对关系。

三、构建中国特色碳定价机制需推进四方面重点任务

一是结合领域特征有效发挥各类碳定价工具作用。不同碳定价工具各有

特点，碳定价工具之间不是非此即彼的替代关系，需要综合施策才能实现效果最大化。近中期，重点加快碳市场基础制度建设，提升隐性碳定价政策效能；中远期，加快形成碳市场为主、碳税为辅、显性碳定价和隐性碳定价相结合的碳定价体系。要持续强化碳排放数据基础能力建设，综合考虑初级产品保供和产业链供应链安全，稳妥推进钢铁、有色金属、建材等行业纳入碳市场。要提升财税金融等隐性碳定价政策的精准性，减少在能源、电力、大宗商品领域的价格扭曲。

二是协同推进碳定价与能源环境体制机制改革创新。环境污染物排放与碳排放“同根同源”，这决定了碳定价要与能源、资源、环境等领域体制机制深度融合。近中期，重点加强碳市场与电力市场在政策耦合、市场空间、价格机制、绿色认证、数据信息共享等方面的协调。中远期，全方位加强碳市场与其他市场机制的协同配合。要完善能源价格形成机制，重点加强碳价到能源价格乃至其他价格的传导，丰富碳成本多元化疏导机制。

三是统筹完善国内碳定价与参与国际气候贸易治理。近中期，应加强国际动向跟踪分析，利用双边和多边平台强化依法反制；中远期，持续提升出口行业绿色低碳竞争力，推动建立公平、合理的气候、贸易治理体系。要坚定主张在联合国框架下推动全球绿色低碳发展，抵制碳定价名义下的贸易保护和转移减排责任行为，共同塑造公平合理的跨国碳定价机制。

四是妥善应对碳定价的结构性影响。长期看，碳定价会对经济高质量发展带来积极促进作用，但短期来看，碳定价可能对一些地区、行业经济带来一定负面冲击（特别是资源型地区和高碳行业），并造成一定的资产搁浅风险。要加强碳定价结构性影响的压力测试，建立风险预警和防控机制，逐步将碳定价纳入宏观调控政策体系，及时成立公平转型基金推动区域、行业协同低碳转型。

第二节 政策建议

一是以推动高质量碳达峰碳中和为目标，动态完善碳定价机制顶层设计。碳定价对引导全社会生产和消费方式变革、推动我国能源气候治理体系现代化发展等具有重要作用。建议从统筹发展、减排和安全出发，明确不同阶段、不同领域、不同碳定价工具的定位作用，逐步转变人为分配能耗和碳排放空间的方式，把碳定价作为优化碳排放要素配置的主要手段，结合阶段特征细化碳定价机制设计。加强碳定价不同工具之间、碳定价与其他机制之间的衔接，注重碳定价与区域和产业政策、跨周期宏观调控政策、能源气候政策等协同，防止出现合成谬误。

二是以完善碳市场工具为重点，推进行业覆盖范围、配额分配方式改革。我国碳市场建设取得积极进展，有望在推动重点行业领域低碳转型中发挥主体作用。建议以完善碳市场工具为核心，用能权有偿使用和交易机制、重点耗能行业产能置换交易机制等要确保与碳市场相衔接。在确保产业链供应链安全的前提下，稳步扩大全国碳市场的覆盖范围，研究出台重点行业领域碳排放总量和强度降低控制目标，推动碳配额分配由强度为主向总量为主转变。深化区域碳市场改革创新，鼓励先试先行，加快实现全国碳市场与区域碳市场耦合衔接。

三是提升隐性碳定价工具政策效能，加强碳定价与已有政策有效衔接。实现碳达峰碳中和目标需要显性碳定价、隐性碳定价以及其他能源环境机制综合发挥作用。建议加强对我国已有节能降碳政策工具的综合评估，重点剖析隐性碳定价工具的成本效益情况，加强国际宣传与碳定价口径互认。深入分析低碳转型过程中有为政府的重要作用，通过完善碳达峰碳中和综合考核评价等，激发各级政府和经营主体创新活力。加强碳定价与能源环境相关机制衔接，深化节能降耗、能源结构转型等关键领域体制创新，通过深化改革使转型过程中的成本代价和冲击影响最小化。

四是开展碳定价结构性影响监测评估，推动区域、行业协同低碳转型。碳定价工具既关系全国碳达峰碳中和目标实现，也会对区域和行业发展格局、全社会收入分配等产生一定影响。建议加强碳定价工具对不同地区经济发展、行业格局、就业民生等影响的跟踪评估，有效运用碳配额拍卖、碳税收入等，加大对欠发达地区、关键产业链、低收入群体等支持力度。加强碳定价工具与生态补偿、转移支付等机制衔接，推动区域、行业协同低碳转型。综合研判碳定价对高碳产业跨国转移的影响，防止对产业链供应链安全和初级产品保供带来不利冲击。

五是加强跨国碳定价趋向跟踪分析，做好不同情景下的应对预案。跨国碳定价相关进程不断推进，今后对我国“双碳”工作大局、贸易发展和国际竞争力带来重大影响。建议加强跨国碳定价相关议题的跟踪分析，研判发展动向和对我国的潜在影响，做好不同情景下的应对预案。积极利用全球气候谈判、WTO、G20等多边机制，联合利益相近国家，加强对碳关税等单边措施的集体反制。积极参与跨国碳定价相关议题沟通交流，加强碳定价机制设计、核算口径方法等合作，推动建立公平、合理的跨国碳定价链接机制，支持我国先进减排项目在国际碳市场上获得收益，利用碳定价机制帮助发展中国家实现低成本减排。

六是强化碳定价基础制度建设，提升市场化、法治化、国际化水平。法规标准、统计核算、监督核查体系等是碳市场机制长效发展的基础性制度保障。建议加强碳定价相关法律法规和标准体系建设，严格法规标准落实，加大对违法违规行为惩治力度。强化碳排放统计核算工作，提高数据的透明度、及时性。健全企业监测报告和第三方核查制度，突出核查工作的科学性、规范性、一致性。加强碳定价相关国际交流合作，推动国际国内标准接轨，为我国绿色低碳优势企业走出去发展和全球投资者参与我国绿色低碳发展创造更好条件。

参 考 文 献

白重恩，2021.在“双碳”目标下实现中国经济潜力增长［J］.国企(19)：26.

窦晓铭，等，2021. 碳中和目标下碳定价政策：内涵、效应与中国应对［J］. 企业经济，(8)：17-24.

段茂盛，2018.全国碳排放权交易体系与节能和可再生能源政策的协调［J］.环境经济研究，3（2）：1-10.

范英，等，2016.中国碳市场：政策设计与社会经济影响［M］.北京：科学出版社.

冯超，等，2022.英国“碳底价”政策对完善我国碳定价机制的启示［J］.财政科学(1)：152-160.

胡江峰，等，2020.碳排放交易制度与企业创新质量：抑制还是促进［J］.中国人口·资源与环境，30（2）：49-59.

胡青，2017.基于CGE模型的碳税政策对中国经济结构影响研究［D］.无锡：江南大学.

惠婧璇，等，2022a.全国碳排放权交易市场下电解铝行业基准线法研究［J］.气候变化研究进展，18（3）：366-372.

惠婧璇，等，2022b.全国碳排放权交易市场下平板玻璃行业基准线法研究［J］.中国能源，44（4）：64–72，12.

姬新龙，2021.碳排放权交易是否促进了企业环境责任水平的提升？［J］.现代经济探讨（9）：49–55.

李小倩，2022.基于CGE模型的碳税效应模拟分析［D］.石家庄：河北经贸大学.

连平，等，2022.碳中和对我国外贸的挑战与对策［J］.新金融，（1）:4–9.

刘凤委，2022.内部碳定价机制驱动企业低碳转型发展［J］.新理财（4）：20–23.

柳亚琴，等，2022.碳市场对能源结构低碳转型的影响及作用路径［J］.中国环境科学，6：1–16.

覃盈盈，2022.“双碳”目标下中国碳税开征的逻辑起点、国际借鉴和政策设计［J］.西南金融（8）：27–42.

谭静，等，2018.碳交易机制倒逼产业结构升级了吗？基于合成控制法的分析［J］.经济与管理研究，39（12）：104–119.

谭琦璐，等，2021.全国碳交易下中国钢铁行业的基准线法研究［J］.气候变化研究进展，17（5）：590–597.

唐遥，2022.碳中和对宏观经济和国际经济格局的影响［R］.

萨仁高娃，2018.电力市场改革背景下实施碳定价的经济影响研究［D］.北京：北京理工大学.

生态环境部，2022.全国碳排放权交易市场第一个履约周期报告［R/OL］.（2023–01–01）［2024–03–15］.https：//www.mee.gov.cn/ywgz/ydqhbh/wsqtkz/202212/P020221230799532329594.pdf.

世界银行，2022.碳定价现状与趋势报告［R］.

王博，等，2021.碳定价、双重金融摩擦与“双支柱”调控［J］.金融研究（12）：57–74.

王灿，等，2005. 基于CGE模型的CO_2减排对中国经济的影响［J］.清华大学学报(12)：1621-1624

王倩，2017.碳定价机制收入分配效应评估方法及其应用研究［D］.北京：北京理工大学.

王信，等，2021.“碳中和”愿景对宏观经济及央行政策取向影响的理论进展综述［R］.北京：中国人民银行.

魏涛远，等，2002. 征收碳税对中国经济与温室气体排放的影响［J］. 世界经济与政治，(8)：47-49.

魏一鸣，等，2022.中国碳达峰碳中和时间表与路线图研究［J］.北京理工大学学报(社会科学版)，24 (4)：13-26.

谢超，等，2021.构建“碳市场为主，碳税为辅”的碳定价体系［J］.国际金融(5)：20-31.

邢丽，等，2022a.国际碳定价倡议的最新进展及相关思考［J］.国际税收(8)：29-36.

邢丽，等，2022b.隐性碳定价的概念、评估方法和展望［J］.财政科学(3)：5-14.

徐陈欣，2022. 内部碳定价对企业绩效的影响研究：以美国500家上市公司数据为例［D］. 南京：南京信息工程大学.

许文，2021.碳达峰碳中和目标下征收碳税的研究［J］. 税务研究(8)：22-27.

张希良，等，2021.中国特色全国碳市场设计理论与实践［J］.管理世界，37 (8)：80-95.

张希良，等，2022.碳中和目标下的能源经济转型路径与政策研究［J］.管理世界，38 (1)：35-66.

赵宏兴，等，2022.基于清单编制法的中国碳市场免费碳配额分布平衡分析［J］.全球能源互联网，5（6）：602-608.

中国宏观经济研究院，2021.我国2030年前碳达峰、2060年前碳中和的实施路径研究［R］.

中国金融学会绿色金融专业委员会课题组，2021. 碳中和愿景下的绿色金融路线图研究［R］.

周长荣，2014.碳关税对中国工业品出口贸易影响效应研究［M］.北京：中国社会科学出版社.

GARRETT-PELTIER H, 2017. Green Versus Brown: Comparing the Employment Impacts of Energy Efficiency, Renewable Energy, and Fossil Fuels Using an Input-Output Model [J] . Economic Modelling. 61: 439 - 447.

HU Y，et al.，2020.Can Carbon Emission Trading Scheme Achieve Energy Conservation and Emission Reduction? Evidence From the Industrial Sector in China [J]. Energy Economics（85）.

JAN A，2010. Regulating CO_2 Emissions of Transportation in Europe: A CGE —Analysis Using Market —Based Instruments [J] . Transportation Research Part D Transport & Environment, 15（04）:235-239.

JAUMOTTE F，et al.，2021.Mitigating Climate Change：Growth-Friendly Policies to Achieve Net Zero Emissions by 2050［R］.IMF.

MO J L，et al.，2021. The Role of National Carbon Pricing in Phasing Out China's Coal Power [J] . iScience. 6: Volume 24, Issue 6, 102655.

MURRAY B C，et al.，2009.Balancing cost and emissions certainty: an allowance reserve for cap-and- trade [J] . Review of Environmental Economics and Policy, 3（01）: 84-103.

ROSE A，et al.，2016. Regional Carbon Dioxide Permit Trading in the United States: Coalition Choices for Pennsylvania [J]. Penn State Environ Law Review（14）:

101–127.

YAMAZAKI A, 2017. Jobs and Climate Policy: Evidence from British Columbia's Revenue–Neutral Carbon Tax [J] . Journal of Environmental Economics and Management, 83: 197–216.

YANASE A, 2007. Dynamic Games of Environmental Policy in a Global Economy: Taxes versus Quotas [J] . Review of International Economics, 15 (03) : 592—611.